献给汤姆，尽管他不怎么喜欢水……

——吉尔·阿布斯诺特

献给我的父亲，他在海边把我抚养长大。

——克里斯托弗·尼尔森

图书在版编目（CIP）数据

潜入深蓝：从独木舟到海洋深渊的探索历程 / (英) 吉尔·阿布斯诺特 (Gill Arbuthnott) 著；(澳) 克里斯托弗·尼尔森 (Christopher Nielsen) 绘；袁少杰译. -- 杭州：浙江教育出版社, 2024.7

ISBN 978-7-5722-7839-6

Ⅰ. ①潜… Ⅱ. ①吉… ②克… ③袁… Ⅲ. ①海洋—普及读物 Ⅳ. ①P7-49

中国国家版本馆CIP数据核字(2024)第094802号

引进版图书合同登记号 浙江省版权局图字：11-2024-105

审图号：GS 京（2023）2584 号

潜入深蓝：从独木舟到海洋深渊的探索历程

QIANRU SHENLAN：CONG DUMUZHOU DAO HAIYANG SHENYUAN DE TANSUO LICHENG

［英］吉尔·阿布斯诺特 著 ［澳］克里斯托弗·尼尔森 绘 袁少杰 译

筹划出版：北京浪花朵朵文化传播有限公司　出版统筹：吴兴元

责任编辑：王方家　编辑统筹：彭　鹏

特约编辑：李　敏　美术编辑：韩　波

责任校对：姚　璐　责任印务：陈　沁

封面设计：墨白空间·杨阳　营销推广：ONEBOOK

出版发行：浙江教育出版社（杭州市环城北路177号，电话：0571-88909724）

印刷装订：雅迪云印（天津）科技有限公司

开本：635mm × 965mm 1/8　印张：10　字数：160 000

版次：2024 年 7 月第 1 次印刷　印次：2024 年 7 月第 1 次印刷

标准书号：ISBN 978-7-5722-7839-6

定价：118.00元

读者服务：reader@hinabook.com 188-1142-1266

投稿服务：onebook@hinabook.com 133-6631-2326

直销服务：buy@hinabook.com 133-6657-3072

网上订购：https://hinabook.tmall.com/（天猫官方直营店）

浪花朵朵

潜入深蓝

从独木舟到海洋深渊的探索历程

[英]吉尔·阿布斯诺特 著
[澳]克里斯托弗·尼尔森 绘
袁少杰 译

浙江教育出版社·杭州

序 言

我在童年时期，有很长一段时间是在一个法国人的陪伴下度过的。他喜欢戴红色针织帽，讲英语总带有浓重的法国口音，他的名字叫雅克 · 库斯托。他为我和其他数百万人开启了通往一个奇妙世界的大门。电视节目《雅克 · 库斯托的海底世界》向我们这一代人介绍了珊瑚礁中绚丽多彩的居民、会唱歌的座头鲸以及我自己最喜欢的“孤独美人鱼”——海牛。

除非你去环游世界并能潜入海底，不然有些生物你可能永远都无法亲眼看到。但即使是在海边岩石池中，你也可能发现各种充满戏剧性又神奇的生物适应力。比如：成群结队的玉黍螺吃着岩石上的藻类；凶猛的疣荔枝螺在贻贝的壳上打孔，并将它们生吞；永久长在岩石上的藤壶能够进化出比它们体长长 7 倍的生殖器官，来解决交配难题；“手无寸铁”的海参为了躲避天敌，会把自己的内脏吐向捕食者来迷惑对方，然后它们竟然可以轻松地长出新内脏，这听起来真让人毛骨悚然！

自古以来，生活在陆地上的人类就对海洋既着迷又恐惧，也难怪古代的人会用各种神灵和怪物传说来解释海洋上可怕而又不可预测的现象。海洋对我们来说就像太空一样陌生，而且探索起来同样具有挑战性。但对于那些勇敢离开海岸、向海洋出发的人来说，它也是巨大财富和知识的源泉。那些探险家和科学家已经在不断地发现，海洋对地球上所有生命是多么重要，但同时它又是多么脆弱。现在，从海岸到海底，宝贵的海洋该由我们来守护了。

——吉尔 · 阿布斯诺特

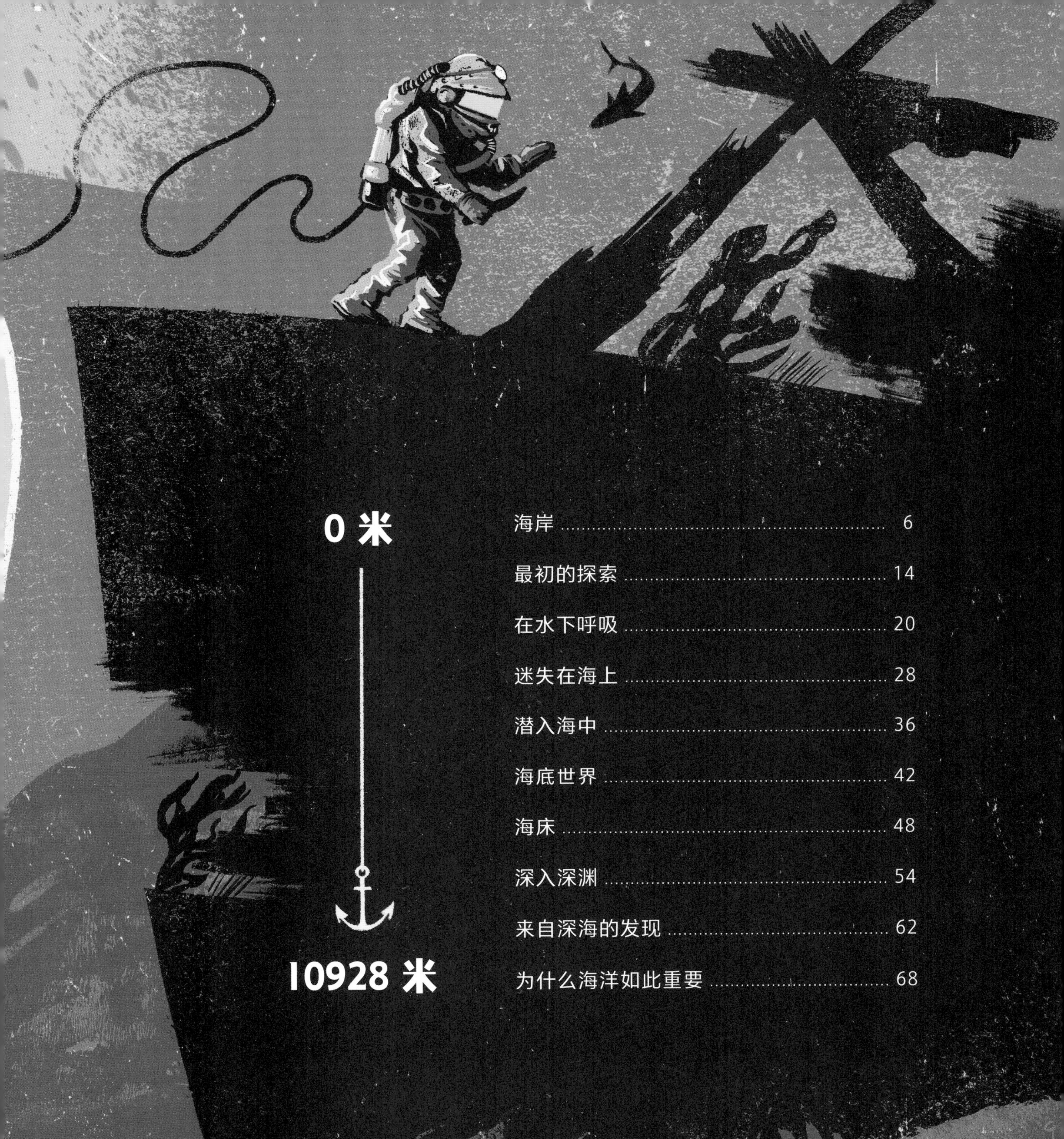

0 米

10928 米

时间线

约公元前 8000 年 出现了世界上已知最早的船——庇斯独木舟，现在展于荷兰的一个博物馆。

约公元前 2500 年 胡夫船，陪葬用的“太阳船”[①]，被埋藏在埃及胡夫金字塔附近。

约公元前 200 年 中国开始发明和改良一种坚固而稳定的中式帆船。

约 1000 年 维京人开始使用北欧海盗船（也叫维京长船）。

1870 年 儒勒·凡尔纳[②]的海洋主题小说——《海底两万里》出版。

1872 年 英国科考船“挑战者号”开始进行海洋科学考察。它由军舰改装而成，在考察中发现了约 4700 个海洋新物种。

1912 年 泰坦尼克号从英国南安普敦港启航。四天后，它因撞上一座冰山而沉没了。

1926 年 第一个自给开路式水下呼吸装置由法国发明家莫里斯·费内兹和伊夫·勒普雷尔发明出来。

20 世纪 30 年代 奥蒂斯·巴顿和威廉·毕比设计了一种用于深海调查的球形钢制潜水器。在 1934 年，他们潜到约 923 米的深度，创造了新的潜水深度世界纪录。

1939 年 在美国海军“角鲨号”潜艇遭遇发动机舱进水事故后，一部分船员被从海面下 74 米深的地方成功营救了出来。

20 世纪 40 年代 美国人克里斯蒂安·詹姆斯·兰伯森发明了密闭式的自给式水下呼吸装置，缩写为 SCUBA，之后他又为潜水员改进了循环呼吸器。

1943 年 雅克·库斯托和埃米尔·加尼昂共同发明了水下呼吸器（水肺），推动了潜水变革。

20 世纪 50 年代 美国海洋学家玛丽·萨普在她出版的作品中证明了海床不是平的。她还对大西洋中脊进行了绘制和描述。

1957 年 作为第一艘用核反应推产生的能量来行驶的船，世界上第一艘核动力破冰船“列宁号”下水。

---

① 古埃及传说将“太阳船”埋在金字塔旁，它就可以载着法老的灵魂与太阳神共同升入神界并使法老获得永生。——若无特别说明，本书注解均为编者注。

② 法国小说家、剧作家、诗人，现代科幻小说的重要开创者之一。

约 1500 年 意大利艺术家和发明家列奥纳多·达·芬奇设计出一种潜水服，但我们目前仍无法确定它在当时是否被制造出来。
1545 年 英国国王亨利八世时期建造的军舰"玛丽·罗斯号"（也称"玛丽·玫瑰号"）在索伦特海峡沉没。
1620 年 荷兰发明家科内利斯·德雷贝尔建造出历史上第一艘可航行的"潜艇"。它基本上是一艘由木头和皮革制成的密封划艇。
1628 年 瑞典军舰"瓦萨号"在首航时沉没于斯德哥尔摩港。
1843 年 "大不列颠号"蒸汽船出海。它是第一艘钢铁骨架、蒸汽发动、由螺旋桨驱动的客轮。
1851 年 赫尔曼·麦尔维尔的小说《白鲸》首次出版，它是根据 1820 年"埃塞克斯号"捕鲸船被一头巨型抹香鲸撞沉的真实事件改编的。
60 年 雅克·皮卡德和唐纳德·沃尔什成为首次到达马里亚纳海沟底部的人。
1977 年 科学家们发现了深海热液喷口。
2012 年 加拿大电影制作人詹姆斯·卡梅隆成为第一个独自下潜到挑战者深渊的人。
2019 年 维克多·维斯科沃完成了有史以来最深的潜水，抵达海底 10928 米的深处。
2019 年 为实现"到 2030 年，让全球 30% 的海洋区域得到保护"这一目标，科学家们设计了行动方案。
2020 年 凯瑟琳·德薇尔·苏利文成为第一个到达挑战者深渊底部的女性。

海岸

想象一下，你现在就站在海边，眺望着大海：即使在最风平浪静的日子，海洋也是那么辽阔又神秘；你的双脚踩进水里，在海水中漫步，感受海浪的拍打；向更远处游去，又会有什么样的海洋生物潜伏在你的身体下方？如果现在看来，海洋仍旧让你觉得浩瀚无边又充满未知，那么可想而知，对于那些勇敢地乘上第一艘船出海的人类祖先来说，深不可测的海洋一定让他们无比恐惧。

没有人知道人类是从什么时候开始使用船只的，但我们已经知道，至少在 65000 年前，人类就通过海路到达了澳大利亚。当时所用的船已经无迹可寻了，或许是竹筏，或许是把树干挖空一部分而制成的独木舟，但我们可以确定的是，乘着这样简陋又脆弱的船穿越公海[①]的确需要巨大的勇气和高超的航海技术。

澳大利亚、阿塞拜疆、智利、马来西亚和挪威等许多国家的洞穴壁画中都描绘了古代的船只。我们现有证据可以证明的最古老的船是非常简易的船——在荷兰发现的约 10000 年前制造的庇斯独木舟，以及在尼日利亚发现的约 8000 年前的杜富纳独木舟。它们都属于独木舟，都是通过砍伐一棵合适的树，然后用石制工具和小火把树干挖空一部分制作而成的。

早在 6000 多年前，埃及人就开始使用纸莎草船在尼罗河上航行了。绘画和雕刻作品中都有对纸莎草船的纪录，墓葬中也有它们的模型。最早的纸莎草船是需要用桨划的，后来出现了挂着一面方形船帆的芦苇船。这些古老的船都非常小，直到大约 5000 年前的时候，人们发明了金属工具，船才开始被造得更大、更复杂。海洋很快就成了像公路那样的通道，但同时也变成了战场。

---

① 指不受任何国家主权管辖和支配的广大海洋部分。

神话和传说

海洋让生活在它附近的人们感到既恐惧又敬重，那里的人们讲述着各种关于神明和怪兽的故事，来解释风暴、漩涡和海啸等现象。

神　明

希腊神话

古希腊有许多海洋之神，包括波塞冬和他的妻子安菲特里忒，以及后来故事中的蛇发女妖戈耳贡三姐妹：丝西娜、尤瑞艾莉和著名的美杜莎。

北欧神话

在北欧神话中，埃吉尔和澜是掌管大海的海神和海后。澜用她的渔网捕捉溺水者，他们的九个女儿都是海浪化身的精灵。

中国神话

中国神话中有四位龙王，分别掌管着四大海域（北海、南海、东海、西海）。他们的名字分别是敖顺、敖钦、敖广和敖闰。

因纽特神话

因纽特人也有许多关于大海的传说。赛德娜是海洋女神，她被认为是海洋生物的母亲，保护着它们不被狩猎。

神　话

海妖斯库拉和卡律布狄斯

在希腊神话中，大海里遍布着像斯库拉和卡律布狄斯这样的妖怪，她们把西西里岛和亚平宁半岛之间狭窄的墨西拿海峡变得十分凶险。斯库拉有六个头，住在海峡一侧的山洞里，她会从过往的航船上抓取水手；而在海峡另一侧航行的人会被卡律布狄斯拉进漩涡。

库　佩

在毛利神话中，库佩是一名伟大的渔夫和航海家。传说库佩发现一只名叫“惠克”的巨大章鱼要把渔场所有的鱼都吃光，他便带着家人和一些战士乘坐独木舟出发去猎杀章鱼惠克。他们花了几个星期跨越太平洋追击章鱼惠克，最终成功把它杀死。追捕章鱼惠克之旅让这一批毛利人首次踏上了奥特亚罗瓦，也就是今天的新西兰。

凯莱赫

在苏格兰西海岸的朱拉岛和斯卡巴岛之间，有一个水流十分湍急的科里夫雷坎漩涡。传说这里是苏格兰神话中的寒冬女神凯莱赫洗衣服用的一口大锅，她在这里把白色的衣服洗干净，再把它们铺在山峰上晾干，也就成了我们看到的白雪。

海水为什么是咸的

关于海洋的许多传说都对漩涡或风暴等自然现象做出了解释，而下面这个来自斯堪的纳维亚半岛的北欧神话故事，为我们讲述了大海是如何变咸的……
丹麦国王弗洛迪买下了两个女巨人当奴隶，她们的名字分别叫芬妮雅和梅妮雅。他想让她们来帮他推魔法石磨——一个能磨出任何东西的宝磨。
弗洛迪逼迫两个女巨人日夜不停地干活，从不让她们休息。
金子！快给我磨金子！
我们磨出来的金子已经堆成山了，可以休息一会儿吗？
不行！你们现在给我把和平磨出来！
您看哪，如今世界和平，根本没人打仗了。我们可以休息一会儿了吗？
那也不行！
他永远都不会让咱俩休息的。
那我们就必须想办法阻止他！
芬妮雅和梅妮雅密谋了一个计划。她们悄悄地为自己磨出了一支军队。
我们现在拥有的士兵，就像面包里的面粉一样多得数不清。
现在，我们还缺少一名将军……
她们请来了海洋之王麦辛格。
伟大的王啊，请救救我们吧！
一场大战爆发了……
弗洛迪被打败了。
嘭！
嗷呜
砰砰
但是芬妮雅和梅妮雅的辛苦劳作却没有结束。
您现在拥有的盐已经够您用一辈子了！
给我把盐磨出来！
她们一直磨啊磨，直到麦辛格的船开始发出嘎吱嘎吱的响声。
快停下！
这一切都是您自找的呀！
最后，那艘船、船上的盐以及船上的所有人，都沉入了海底。
所以，正是芬妮雅和梅妮雅磨出来的那些盐让海水变咸的。

无尽的想象

在那些古老的地图上，海洋通常被用拉丁语标记为“Hic sunt leones”（此处有狮子）或者“Hic sunt dracones”（此处有龙 / 龙出没），因为没有人确切地知道那里究竟有什么。随着时间的推移，人们提出了各种各样的解释，其中一些听起来还比较合理。

奇怪的生物

当巨型章鱼、姥鲨或抹香鲸等海洋生物被冲到岸上时，它们往往已经腐烂得面目全非。因此，就有了像北海巨妖克拉肯①这样的海怪传说。

美人鱼和人鱼

自从有水手报告说自己看到了一种奇怪的生物，世界各地便流传起关于美人鱼和人鱼的传说。它们并不都像安徒生童话《小美人鱼》中写得那么友好，希腊神话中的塞壬和德国传说中的罗蕾莱都是会引诱水手丧命的水怪。在 15 世纪，探险家克里斯托弗 · 哥伦布声称在加勒比海看到过三只美人鱼，但他看到的可能是海牛——一种大型的水生哺乳动物。海牛的食物长海草如果缠绕在它们的头上，看起来就像是绿色的长发一样。

世界各地都曾展出过假美人鱼。其中最著名的一个是美国马戏团表演艺术家巴纳姆的“斐济美人鱼”，人们曾认为它是在小猴子的骨架上粘上鱼的尾骨制作而成的，直到后来研究发现，它实际上是一个由黏土和纸浆制作的模型，只不过里面填入了鱼的下颌骨和尾骨。

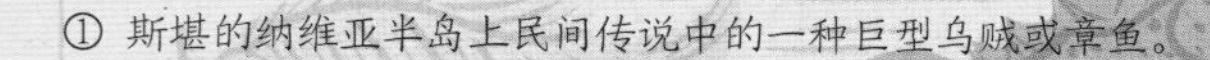

① 斯堪的纳维亚半岛上民间传说中的一种巨型乌贼或章鱼。

流行文化

我们对海洋生物知之甚少，所以总被它们在书籍和电影中的形象吓到。著名的例子有赫尔曼・麦尔维尔在小说《白鲸》里描绘的巨鲸，以及 1975 年的电影《大白鲨》中的大白鲨形象。尽管《白鲸》这部小说高度虚构，但它其实改编自一起真实事件——1820 年，捕鲸船“埃塞克斯号”被一头巨型抹香鲸击沉。

在法国科幻作家儒勒・凡尔纳的小说《海底两万里》（首次出版于 1870 年）中，英雄们以为自己追逐的是一只巨大的独角鲸，却发现它是一艘由神秘的尼摩船长设计和驾驶的潜艇——“鹦鹉螺号”。“鹦鹉螺号”在海底航行时有过许多冒险经历，包括参观水下城市亚特兰蒂斯以及遭受巨型乌贼的攻击。

从独木舟到军舰

金属工具的出现带来了一项重要的技术革新，它彻底改变了人们造船的方式——人们可以把树干切成木板，然后再把若干木板固定在一起，而不再是把一整根树干挖空。这意味着人们可以建造出更大的、具有更多功能的船。

约公元前 8000 年

我们所认为的最古老的船——庇斯独木舟，开始被使用。

约公元前 2500 年

胡夫船是一艘陪葬用的“太阳船”，长达 40 多米，是用绳子将雪松木板固定而成的，被埋在埃及胡夫金字塔的侧边。

公元前 1550—公元前 300 年

地中海东部的腓尼基人[①]发明了桨帆船——可以由桨手摇动一排排船桨来划动的船。一直到公元 16 世纪，桨帆船都是重要的军用船。

公元前 200 年

中国开始发明中式帆船，这是一种坚固、稳定的帆船。在公元 1 世纪，中式帆船成为世界上第一种拥有中央方向舵的船，比西方船只拥有这一技术早了近一千年。

公元 1000 年

维京人开始使用长船。在桨和帆的推动下，这些细而窄的船甚至到达了千里之外的北美洲。长船上有龙骨——像脊椎一样固定在船底的木板，它能防止长船被海浪横向推移。

15 世纪

这个时期盛行的船是卡拉维尔帆船，它有三根桅杆和一个轻巧的船体（船身）。克里斯托弗 · 哥伦布首航的船队中就有卡拉维尔帆船。

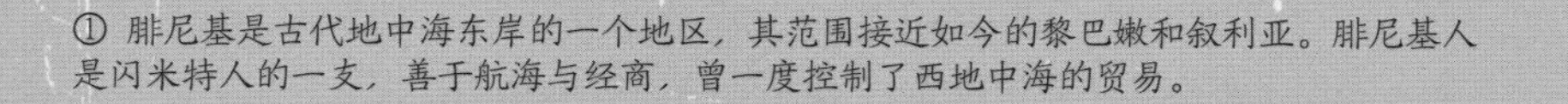

① 腓尼基是古代地中海东岸的一个地区，其范围接近如今的黎巴嫩和叙利亚。腓尼基人是闪米特人的一支，善于航海与经商，曾一度控制了西地中海的贸易。

1843 年

“大不列颠号”蒸汽船下水。这是第一艘铁壳、蒸汽提供动力、螺旋桨驱动的客轮。它也是当时世界上最大的船，有将近 100 米长。相比依靠桨板或风力驱动的船来说，螺旋桨或桨轮驱动能让船在航行中更加稳定。当螺旋桨转动时，它会把水向后推，从而对船产生一个大小相等、方向相反的力，推动船向前行进。

1807 年

“克莱蒙特号”是第一艘成功载客的蒸汽轮船。它在美国纽约州的哈德逊河上进行了测试。蒸汽轮船在内河航行，是由蒸汽机驱动船舷的桨轮来行进的。

19 世纪 40—70 年代

快速帆船又叫飞剪式帆船，是一种外形又长又窄，有高高的桅杆和巨大的帆的船。它是那个时期在海上航行最快的船，推动了茶叶和糖等商品贸易的发展。1854 年，“飞云号”飞剪式帆船创下了 89 天 8 小时从纽约出发绕过南美洲最南端再北上到旧金山的纪录，而通常情况下这段航程需要花 200 天左右的时间。

1910 年

柴油开始取代煤作为燃料。它在船上占用的空间比煤要少，而且可以自动输送进发动机里。最早的远洋柴油船是荷兰的单螺旋桨油轮“瓦卡纳斯号”和丹麦的“斯兰迪亚号”。大多数现代船舶仍然是依靠柴油来驱动的。煤和柴油都是会造成大气污染的化石燃料。

1957 年

苏联的核动力破冰船“列宁号”下水，它是世界上第一艘核动力船。核动力船可以在不加油的情况下航行很长一段时间，但其制造和操作都需要花费很大成本，所以核动力船几乎都是军用的。

最初的探索

自从海上航行得以实现，人们就想更多地了解大海。有些人编造出神话，还有些人努力尝试着去分析他们观察到的东西。在印度，考古学家发现了 4000 多年前哈拉帕①人制造潮汐钟②的证据。人类已知的第一个用来预测涨潮时间和水位的潮汐表出现在公元 1000 年左右的中国。

关于海洋的一些早期发现几乎都具有偶然性。1513 年，当探险家胡安·庞塞·德莱昂在为扩大西班牙的海外殖民地而寻找岛屿时，他在大西洋发现了一股强大的暖流。1769 年，有美国“国父”之称的科学家本杰明·富兰克林绘制出这个暖流的地图，并将其命名为“墨西哥湾暖流”。墨西哥湾暖流对帆船航行十分有益——帆船顺着它的流动方向航行，可以缩短从美洲返回欧洲的用时。英国人詹姆斯·伦内尔（1742—1830）对大西洋和印度洋的洋流进行了更加深入的研究。

19 世纪 50 年代，美国人马修·方丹·莫里绘制了第一张大西洋海底地图，为 1856 年铺设横贯大西洋的海底电缆提供了依据。

对海洋的现代科学探索真正开始于 1872—1876 年的“挑战者号”科学考察。英国军舰“挑战者号”被改装成科学研究用船，考察了世界上许多海洋，采集了海底岩石的样本，记录了海水深度、温度和洋流的影响。在长约 128000 千米的航行中，考察队发现了约 4700 个海洋新物种。

一直到 20 世纪 50 年代，科学家仍认为海床是平坦的。但在 1957 年，美国海洋学家玛丽·萨普发表了一篇专题报告，证明这个认知是错误的。她对大西洋中脊（也称为中大西洋海岭）进行了描述，她的手绘海底草图和图表显示，海底的地质情况与各个大陆一样多变。

---

① 印度河流域文明的一座城市，现今巴基斯坦地区。
② 依据月球的潮汐周期设计的一种钟，通常沿海岸线设置，用于指示潮汐的高潮和低潮时间。

移动的水

在人类历史的大部分时间里，到世界上许多地方去旅行和各地间贸易往来只能通过船舶来实现。洋流和潮汐可以使船安全靠岸，也可以将船彻底摧毁，因此它们成了许多最早研究海洋的科学家关注的焦点。到了 20 世纪初，我们对海洋的这些现象有了更好的了解。

潮 汐

海平面的上升和下降是由于万有引力对海洋的影响而发生的。月球的引力（加上小部分太阳的引力）会对海水产生一个“牵引”的作用力，使它上涨。月球在绕地球公转的轨道上运行 25 小时，地球上某一位置的海水就会经历两次涨潮和两次落潮。潮汐非常复杂，它还受到地球自转、海岸线、海水与赤道的距离、洋流和海水深度等因素的影响。

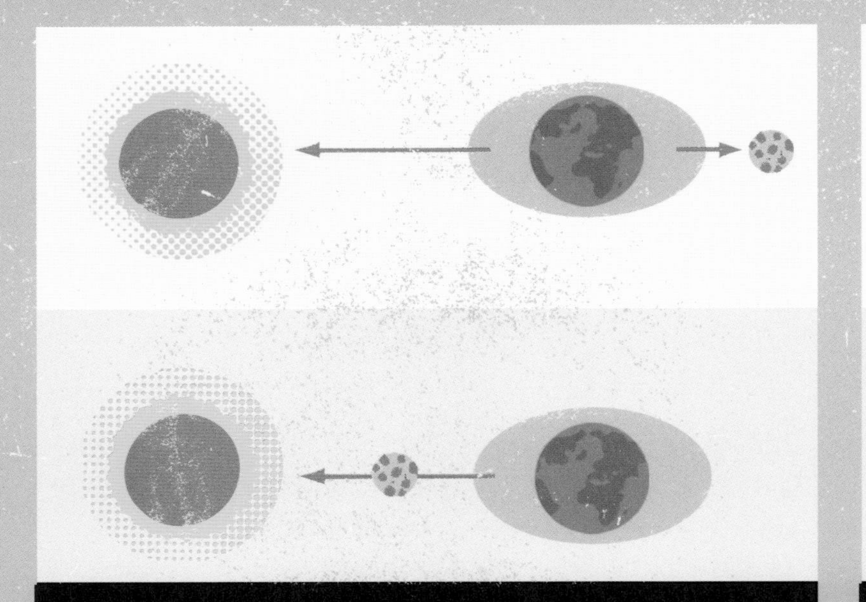

当太阳、月亮和地球在一条直线上时（即新月和满月时，也就是中国农历每个月的初一前后和十五前后），地球上的海水会被引力“吸”起来，海面涨落幅度较大，形成大潮（朔望潮）。世界上最大的潮汐出现在加拿大的芬迪湾，那里的潮差（一个周期内最高潮与最低潮之间的水位差）约达 16 米。

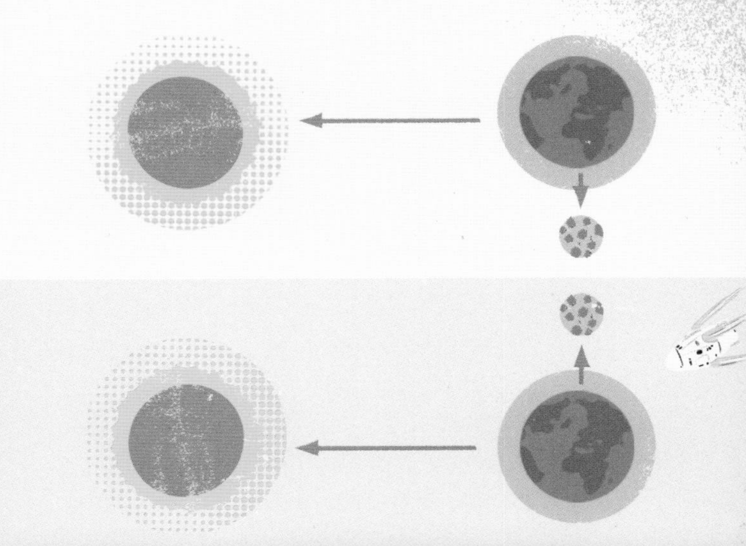

在半月（上弦月或下弦月）时，太阳和月亮的引力部分抵消（农历初七、初八和二十一、二十二这几日，日地连线与月地连线夹角成直角），所以这个阶段的潮汐较弱，也因此被称为小潮（弦潮）。

海 浪

大多数海浪是由于海风吹皱海面而形成的。风的能量会传递给海水，能量就会以波的形式在水面上长距离移动。令人惊讶的是，单个水分子实际上并没有在海洋上移动，它们只是在波浪经过时绕了一个小圈，但实际上几乎仍然停留在原处。

风力越强，影响到的区域就越大。风吹得越久，产生的波浪也就越大。

洋 流

海底洋流主要是由不同水域的含盐量和水温的差异来驱动的。

在北极和南极，表层海水会结冰。然而，海水在结冰的过程中会析出盐分，这些盐分会留在表层下没有结冰的水中。这种又冷又咸的水会继续向下沉，于是就有更多的水流动到冰层下来填补下沉的水。当这些新流动到冰层下的水变得更冷、更咸时，它们也会下沉，所以海水就会不断地在下沉和“补位”中循环。

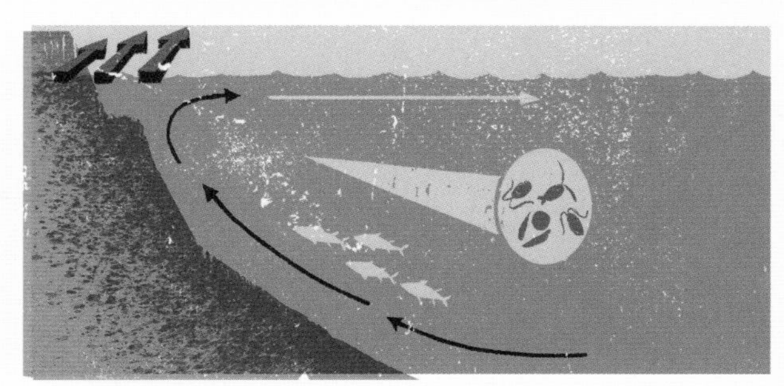

与此同时，在赤道附近，温暖的海水上升到海面，这被称为上升流。两极的下降流和赤道的上升流共同形成了一个洋流系统，有时被称为“大洋传送带”，它将水和溶解在其中的营养物质，如氮和磷，输送到世界各地，这些营养物质对浮游生物的生长至关重要。

海浪会在海洋中穿行，直到它遇到像岩石这样的障碍物，或者它冲撞海岸后破碎。海水越靠近海岸，就变得越浅，海浪底部的速度也会变慢，但海浪顶部会保持原来的速度。浪头“超越”了浪底，就会呈现出海浪“席卷”海岸的景象。

* 本书插图系原书插图。

海洋星球

从太空中看，地球近似于一片蓝白相间的漩涡。蓝色的部分是地球上的海洋，约覆盖地球表面的 70%，从地理学上看，海洋由五个主要的海洋盆地组成。地球上约 40% 的人居住在距离海洋 100 千米以内的地方，地球上的海岸线至少有 250 万千米长。如此看来，我们居住的星球更应该叫“海球”，而不是“地球”。

正如陆地上的各大洲有不同的特征一样，五大洋也有各自的特点。

温暖的**印度洋**平均深度约 3711 米，最大深度约 9074 米。

太平洋的马里亚纳海沟长约 2550 千米，海沟最深处约 11034 米，这是世界上海洋的最深处，也是地表最深的地方。

印度洋上的凯尔盖朗海台是一个巨大的火山高原，面积是日本国土面积的 3 倍。在海台上发现的木头碎片表明，它可能在数千万甚至上亿年前被森林覆盖。

野生动物

据科学家估计，海洋中大约有 220 万种生物，但由于海洋中仍然有相当多的物种尚未被探索，迄今为止被发现和记录的物种大约只占预估总数的 9%。海洋中生活着大量无脊椎动物。说起海洋中最常见的物种，我们还没有准确答案。但我们知道最常见的鱼是钻光鱼，一种小型的深海鱼，它的数量多达数万亿。

南极洲周围是**南大洋**[1]。南大洋只有 3000 万年的历史，是最晚形成的，也是被探索最少的。它的平均深度是 4500 米，最深处约为 7235 米。穿越南大洋十分危险，因为那里不仅有暴风雪天气，还有漂浮的冰山。

① 2000 年，国际水文地理组织将南极洲周围的水域确定为一个独立的大洋，即四大洋之外的第五大洋，称为南大洋，也称南冰洋。目前中国仍采用四大洋的划分方式。

北冰洋比其他大洋要浅得多，虽然最深处约为 5527 米，但平均深度只有 1225 米。在冬天，它被大约 1000 万—1100 万平方千米的海冰覆盖，在夏天，大约四分之一的海冰会融化。

海底并不是毫无特色的平坦平原，大陆架和大陆坡一直延伸到大洋底，那里有山脉、山谷和火山。大陆架是靠近海岸的相对较浅的区域，得到的光照最充足，所以这里有非常丰富的海洋物种。

北冰洋

大西洋

太平洋

大西洋

南大洋

南大洋

大西洋是地球上风暴最多的海洋。大西洋的洋流系统推动海水在地球上流动，并影响着全球的天气。大西洋的最大深度约为 9218 米。

大西洋中脊是位于大西洋底部的巨大海底山脉，它有 1500—2000 千米宽，一般距离海面 2500—3000 米。

西兰蒂亚洲是一块微小的大陆，大约只有半个欧洲那么大，这块大陆约 94% 的面积都在水下，新西兰是这块大陆露在水面上的一小部分。

盐

海水是咸的，是因为微酸性的雨水流过岩石时，会与岩石中的化学物质发生反应，生成的盐被河流带入大海，随着时间的推移在海里不断累积（很久以前的海水并没有现在这么咸）。河流和湖泊不会变咸，是因为它们可以不断地从雨水中获得更多的淡水。

太平洋是最大的海洋，平均深度约 3957 米。太平洋的边缘有一圈“火环”，被称为太平洋火山带，因为这些区域经常发生地震和火山爆发。

在水下呼吸

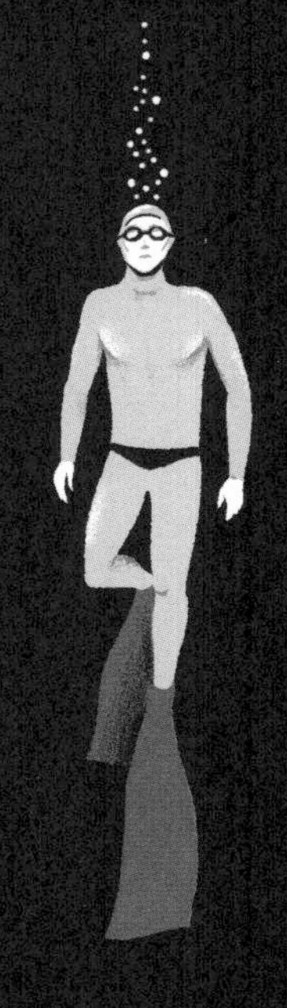

潜水员是率先在海面下冒险的人。自由潜水是一种不携带水下供氧装备，仅靠屏息进行的潜水活动，它展现了人类非凡的耐力，而这些自由潜水冒险通常是为了在海洋中寻找自然宝藏。

海绵自古就是一种有用的商品，数千年来，希腊卡利姆诺斯岛的潜水者一直在寻找天然海绵。在现代潜水装备出现之前，潜水者最深下潜到水下 30 米处，有些人甚至可以在水下停留长达 5 分钟。

珍珠是在牡蛎等软体动物体内形成的，它的价格非常昂贵。野生珍珠贝在深水中最为常见，因此采珠者不得不潜到深水去寻找它们。在日本，以自由潜水方式捕获鲍鱼、珍珠等为生的女性，被称为“海女”。她们不使用水肺装备，可以屏住呼吸长达两分钟。海女通常从十二三岁就开始潜水，有些海女一直到 70 多岁还在潜水。

科学家认为，有些人的身体可能更适应自由潜水。研究发现，东南亚的巴夭人的脾脏比不潜水的人的脾脏大。据了解，脾脏对许多动物的潜水耐力也有影响，比如威德尔海豹①。

如今，自由潜水也是一项竞技性极强的运动。在“无极限”潜水②中，配重滑橇可以非常快速地将潜水员带到尽可能深的地方。奥地利潜水运动员赫伯特·尼奇曾潜到 214 米的深度，这一世界纪录至今未被打破。虽然只靠人类的耐力就可以达到这样的深度，但是如果没有装备，人类也无法潜到水下更深的地方。

---

① 也称韦德尔氏海豹，主要分布于南极周围、南极洲沿岸附近海域，它能潜到水下 600 米，并且在水底逗留 1 小时以上。
② 是指通过一定的配重下潜到预设深度，然后利用上升气袋或其他浮力装置返回水面。它是一种纯粹为了突破人类身体极限的运动，已经不再作为比赛项目。

如果你把玻璃杯倒扣在一盆水里，你就能“困住”一个大气泡。这个原理非常简单，人们利用它创造出最早的一种能够延长人在水下停留时间的设备——潜水钟。潜水钟的工作原理就是将空气困在“钟”里供潜水员呼吸。后来，发明家开始设计能够在水下航行的船，第一批潜水器就这样诞生了。

1. 公元前 332 年 据记载，在进攻提尔城的时候，统治者**亚历山大大帝**乘坐玻璃潜水钟潜入水下，并在水下待了好几天。但是现在，我们都知道那是不可能发生的了。

3. 1620 年 荷兰发明家科内利斯·德雷贝尔建造了第一艘“潜艇”。它基本上是一艘由木头和皮革制成的密封划艇。这艘艇沿着英国伦敦的泰晤士河在水下从威斯敏斯特行驶到了格林尼治。

2. 1535 年 意大利发明家古格里莫·德·洛雷纳设计了一个木制的潜水钟，用来探寻古罗马驳船[①]的残骸。他描述了长达一小时的潜水经历，所以他一定有办法补充潜水钟里面的空气，但这办法直到现在仍然是一个未解之谜。

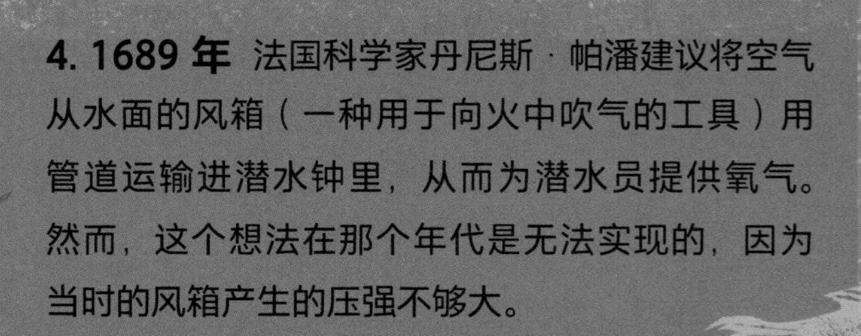
4. 1689 年 法国科学家丹尼斯·帕潘建议将空气从水面的风箱（一种用于向火中吹气的工具）用管道运输进潜水钟里，从而为潜水员提供氧气。然而，这个想法在那个年代是无法实现的，因为当时的风箱产生的压强不够大。

① 本身无自航能力，需拖船或顶推船拖带的货船。

5. 1690 年 埃德蒙·哈雷是英国著名的天文学家，他设计了一套桶式系统①，将高压空气注入潜水钟。这样，潜水员就可以通过潜水钟在水下 18 米深的地方停留长达 90 分钟。潜水钟在当时主要用于打捞沉船。

8. 20 世纪 20 年代 艾伦·麦凯恩和查尔斯·莫森发明了“麦凯恩潜艇救援舱”，用于营救被困在沉没的潜艇上的水手。

6. 1775 年 美国人大卫·布什内尔建造了一艘只能容纳一个人的潜艇——“海龟号”。潜水员可通过转动手柄为螺旋桨提供动力，通过把水泵入和抽出使潜艇下沉和上升。“海龟号”是第一艘被用于战争的潜艇。

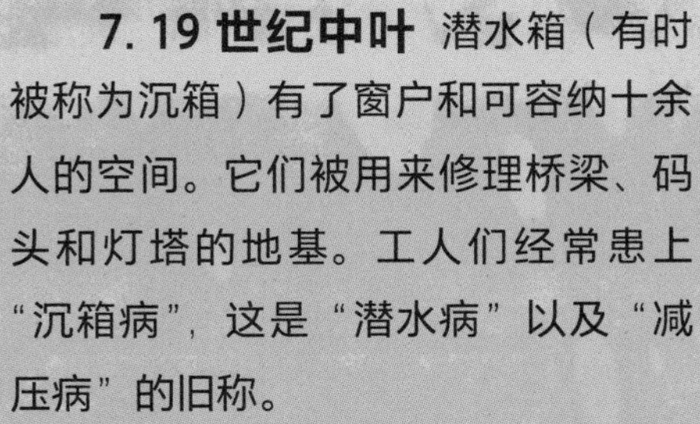

7. 19 世纪中叶 潜水箱（有时被称为沉箱）有了窗户和可容纳十余人的空间。它们被用来修理桥梁、码头和灯塔的地基。工人们经常患上“沉箱病”，这是“潜水病”以及“减压病”的旧称。

9. 20 世纪 30 年代 奥蒂斯·巴顿和威廉·毕比设计了钢制球形深海潜水器，于 1930 年首次在自然环境中拍摄到了深海物种。1934 年，他们下沉到了水下 923 米的深处，这一深度成为新的世界纪录。毕比团队中的美国科学家格洛丽亚·霍利斯特也为研究深海而进行了潜水。

10. 21 世纪 用于将潜水员送往深海的潜水器在技术上取得了很多进步，但有时旧技术也很有效，简易的潜水钟至今仍在被使用。

① 潜水钟的原理：人们把潜水钟送到水下，钟里面会涌入空气；再将潜水员戴着的潜水头盔用管子连接到潜水钟上以便呼吸潜水钟里的空气；另外，还一个带有管子的桶不断在水中沉下、升起，并向潜水钟注入空气。——JF Ptak 科普书

潜水服

利用潜水器，人们能够待在水下，但无法自由活动或在海底行走，直到功能性潜水服被发明出来，这才成为可能。人们花了几百年的时间才研制出这样的潜水服。

当人们第一次尝试增加在水下的时长时，他们把空心芦苇作为通气管伸出水面来呼吸。但是人们用这种呼吸管无法潜到很深的地方，一旦潜到水下 45 厘米以下的地方，水和空气之间的压力差就会大到让人很难再吸气。

意大利艺术家和发明家列奥纳多·达·芬奇设计了一种潜水服——潜水员头戴面罩，面罩上的管子通向水面，并通过软木浮子保持在水面上。目前我们无法确定这种潜水服在当时（大约 15 世纪）是否被制作出来，但在现代，有人制作出一件这样的潜水服并进行了测试，发现它在浅水区是有效的。

1715 年，英国人约翰·莱斯布里奇在自家的花园里建了一个池塘来测试他设计的潜水装置——基本上就是在木桶上打了两个洞供手臂伸出，并装配了一个玻璃观察窗。他借助这个装置潜入沉船里，打捞沉船上的物品，从而成了一个富人。

1797 年，来自波兰弗罗茨瓦夫的卡尔·海因里希·克林格特成功地设计出了一套潜水服。头盔通过管子连接到一个水面上的储气罐。然而，没有任何证据表明它曾经被制造出来过或被测试过。

19 世纪 30 年代，出生于德国的奥古斯都·西比显著改进了潜水头盔，开发出了后来被称为“标准潜水服”的装备。它由一件防水帆布和皮革做成的衣服和一个通过管子连接到水面的铜头盔组成。头盔与潜水衣密封连接，以便防水。

1882 年，法国的阿方斯·卡马诺和西奥多·卡马诺两兄弟设计了第一套潜水装甲服（人形大气潜水服）。它由笨重的金属制成，有可活动的关节，就像一套盔甲。它重约 380 千克，但因为它的接缝不是密封的，所以它并不是一个成功的设计。

第一个自给开路式水下呼吸装置是由法国发明家莫里斯·费内兹和伊夫·勒普雷尔在 1926 年发明的。储存在一个圆筒里的压缩空气被源源不断地输送到潜水员的面罩里，使他们在水下停留的时间比使用旧装置时要更长。

20 世纪 40 年代，美国医学家克里斯蒂安·兰伯森发明了一系列呼吸器，潜水者使用氧气罐，呼出的二氧化碳能被一种化学物质吸收。因为没有气泡释放，水面上的人就无法发现潜水员，它在第二次世界大战期间发挥了很大作用。兰伯森还首次将呼吸器命名为 SCUBA（自给式水下呼吸装置）。

1943 年，雅克·库斯托和埃米尔·加尼昂开发了水下呼吸器（水肺装置）。它里面包含了一个通过潜水员的呼吸来操纵的自动调节阀，这使氧气只有在潜水员吸气时才能流动，而且氧气的压力会与潜水员潜水的深度相适应。这一技术给潜水带来了革命性变化——潜水者可以用一罐空气在水下停留更长时间。

潜水的物理学

在陆地上，我们身体上方的空气向下压着我们；而在海面下，我们身体上方的水向下压着我们。因为水的密度比空气大得多，所以水下的压强也比陆地上大得多，这给潜水者们带来了挑战。

压强的测量

在海水表面，压强就是 1 个标准大气压。当潜水员潜入水下时，水会向下压，而且压强会随着潜水深度的增加而增加。每下潜约 10 米，压强就增加 1 个大气压。

潜水员在水下很快就会感受到水压增加对耳膜带来的痛感，所以他们必须采取一些动作让耳朵“咔哒”一响来恢复耳压平衡。压力也会挤压潜水员的肺，减少肺里的空间，使他们更难吸气，所以他们很难在海面下吸入足够的氧气。

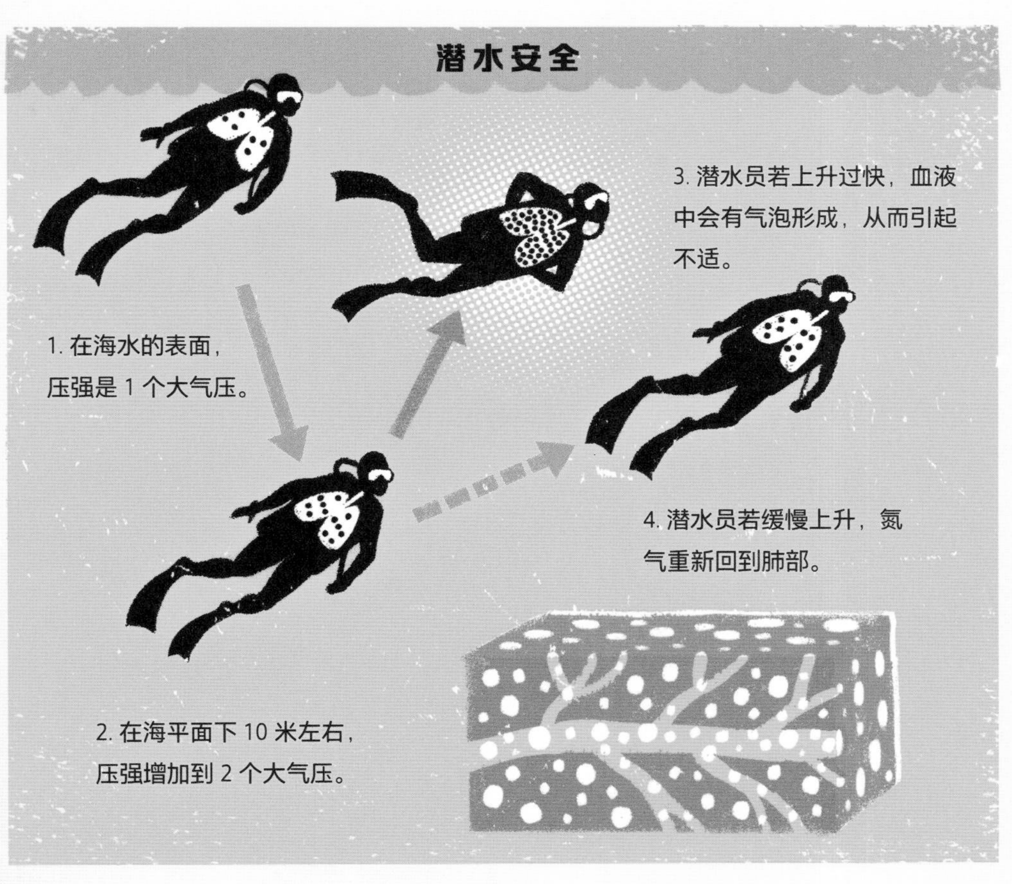

压强增加的问题

当潜水员潜到更深的地方时，压强会改变空气供给对身体的影响，增加的压强使更多的气体溶解在血液中。虽然潜水员气罐里的氧气被身体消耗光了，但溶于体内的氮气并没有被消耗，随着潜水员浮出水面，压强降低，血液中会形成氮气气泡，这就像你打开一瓶碳酸饮料时突然冒出气泡一样。这些气泡会阻塞微小的血管，对身体组织造成损伤，导致潜水病，也被称为“沉箱病”或“减压病”。

为了避免造成损伤，潜水员必须缓慢地浮出水面，防止形成有害的氮气气泡。许多现代潜水员都戴着潜水电脑，来计算他们做减压停留的时间。

潜水病的治疗方法是给潜水员提供额外的氧气，并把他们放进减压室。减压室内的压强会不断增加，直到氮气气泡变得可以溶解，然后减压室内再慢慢减压，这样就不会像在潜水员浮出水面时那样再次形成氮气气泡了。

深海晕眩（氮醉现象）

潜水员的储气罐里充满了混合气体，最常见的是 78% 的氮气、21% 的氧气和 1% 的稀有气体，如氩气。氮气在高压下会产生麻醉剂的作用，潜水越深，产生的影响可能就越严重，潜水员的症状会从兴奋发展到丧失判断力、嗜睡、出现幻觉，直至失去意识。幸运的是，当潜水员回到水面，所有这些症状在几分钟内就会全部消失。为了避免这些问题，潜水员在水下深处工作时，通常使用含有氦气而不含氮气的混合气体。

海底奇观

1956 年，观众坐在黑暗的电影院里，仿佛进入了一个壮观的外星世界。但他们看的并不是科幻电影，而是雅克 · 库斯托的奥斯卡获奖纪录片《沉默的世界》，它首次向成千上万的人展示了海底世界和生活在那里的非凡动物。

雅克 · 库斯托（1910—1997）

雅克 · 库斯托是一名法国的海底探险家、海洋及海洋生物研究者和电影制作人。他于 1930 年进入法国海军学院，并在第二次世界大战期间成为法国抵抗运动的特工。1948 年，库斯托参与了最早的海洋考古潜水活动。1951 年，在妻子西蒙娜 · 梅尔基奥的帮助下，他开始每年乘坐“卡吕普索号”进行研究旅行，他还在航行中开展水下拍摄。1956 年，他的电影《沉默的世界》首次将海底世界展现给广大观众。库斯托后来开展了“大陆架”项目①，让潜水员可以长时间在水下生活和工作。他后来还成为一名环保活动家，成立了库斯托基金会，旨在保护海洋生物。

① 最初的“大陆架”是位于马赛附近的地中海中约 12 米深的地方修建的一个移动房，两名轻装潜水员在移动房内生活。

埃米尔·加尼昂（1900—1984）

埃米尔·加尼昂是一位法国工程师，他与雅克·库斯托合作发明了水中呼吸器的自动调节阀，为潜水带来了巨大革新。1947 年，他搬到加拿大，继续致力于改进自给式潜水设备。

持久的“遗产”

库斯托和加尼昂在潜水方面的革新为更多潜水员打开了通往海洋的大门。今天，下潜最深的潜水员会使用大气潜水服。这种潜水服就像一套盔甲，使潜水员免受深海高压和低温的伤害。潜水服内的压强维持在 1 个大气压，所以潜水员不需要减压，可以更快地回到海面上。

迷失在海上

过去的海上航行既漫长又危险，船只沉没的风险比现在要大得多。许多沉船因装载着贵重的货物，让寻宝者们不顾危险，想要去沉船里进行打捞。

起初，只有浅水区域的沉船才能被打捞到，这主要是通过自由潜水来实现的，后来人们开始使用原始的潜水钟来完成打捞，比如 1535 年古格里莫 · 德 · 洛雷纳设计的潜水钟。

最早的有史料记载的打捞活动出现在公元前 5 世纪：波斯国王薛西斯雇用了两个潜水员——希达娜和她的父亲锡利亚斯——从沉船中打捞宝藏。当国王试图扣押他们时，他们逃跑了，并切断了国王船队的锚缆进行报复，其中一些船随即漂走并最终沉没了。

打捞沉船的回报如此巨大，以至于人们都不惜付出极大的努力。例如，美国寻宝人威廉 · 菲普斯曾前往英国，先后说服查理二世和他的继任者詹姆斯二世提供船只。寻宝期间，菲普斯因未能偿还债务而入狱，甚至还在寻找西班牙的宝藏船“奇迹圣母号”（也称“马拉维拉斯号”）的残骸时遭遇了船员的叛变。

菲普斯花了将近 3 年的时间才找到“奇迹圣母号”，但这是值得的。他的船员们在沉船里发现了硬币、黄金、珍珠、宝石和白银，总价值超过 20 万英镑（相当于今天的 3800 万英镑，也就是大约 3.28 亿元人民币）。菲普斯回到英国，詹姆斯二世对宝物分成十分满意，便封菲普斯为爵士，并任命他为马萨诸塞湾殖民地的总督。

第一次使用现代设备的打捞行动是打捞 1782 年在英国朴茨茅斯附近沉没的“皇家乔治 1 号”残骸。在 1834 年至 1836 年间，工程师查尔斯 · 迪恩和约翰 · 迪恩两兄弟用他们的发明——历史上第一个带有气泵的潜水头盔——打捞到船上的一些大炮。在此过程中，他们还偶然发现了传奇都铎王朝的“玛丽 · 罗斯号”沉船。

沉 船

据估算，全世界大约有 300 万艘沉船。长期以来，这些沉船一直是寻宝者的兴趣所在，因为许多沉船里都藏着价值连城的财宝。从 1566 年到 1789 年，每年都有满载着黄金、白银和宝石的船从美洲驶向西班牙。一些船在途中沉没，其中许多是在加勒比海附近沉没，它们装载着价值数百万英镑的宝藏。从沉船中打捞出的宝藏并不总是金币和珍珠项链。沉船还可以让历史学家一窥船上乘客当时的生活——有时甚至可以追溯到几千年前。

这艘中国商船在南宋时期（1127—1279 年）从福建起航后不久就沉没了。2007 年，研究沉船的考古学家决定将这艘船保存在博物馆的一个巨大的、充满海水的“水晶宫”中，这样公众就可以观看他们继续对沉船进行的考古工作。到目前为止，考古学家已经从这艘船上找到了超过 18 万件文物。其中包括：

一坛咸鸭蛋（可能是水手们的食物）

钱 币

珠 宝

花瓶和瓷碗

陶 器

雕 像

公元前 1 世纪，一艘货船在希腊克里特岛附近的安提基特拉岛边沉没。1900 年，寻找海绵的希腊潜水员发现了这艘沉船，并从中打捞出许多古希腊的珍宝。20 世纪 70 年代，雅克 · 库斯托带领一个团队从沉船里打捞出了更多的文物。直到今天，海洋考古学家仍在继续探索这艘沉船。

安提基特拉机械

在沉船中被发现的宝藏里，有一件名叫“安提基特拉机械”的迷人装置：一个由多个青铜齿轮组成的复杂机器，它可以预测太阳、月球和一些行星的运动。

玻璃器皿

珠 宝

“玛丽·罗斯号”沉船

1545 年 7 月 19 日，英国国王亨利八世的军舰“玛丽·罗斯号”从英国朴茨茅斯起航，迎战法国舰队。这艘船发射了炮弹，然后调转方向，但就在这时，海水从敞开的炮口涌了进来，船沉入了浅水区。1836 年，查尔斯·迪恩和约翰·迪恩发现了沉船的地点，但随着海床移动，沉船再次消失。直到 1968 年，亚历山大·麦基和玛格丽特·鲁尔博士才再一次确定了沉船的位置。船体完整的部分，也就是船的主体，现在正保存在朴茨茅斯的玛丽·罗斯博物馆。考古学家在沉船中发现了这些遗物：

长弓和箭

鞋子和袜子

大 炮

密齿梳（可用来去除头上的虱子，当时头虱症状很常见）

小提琴和琴弓

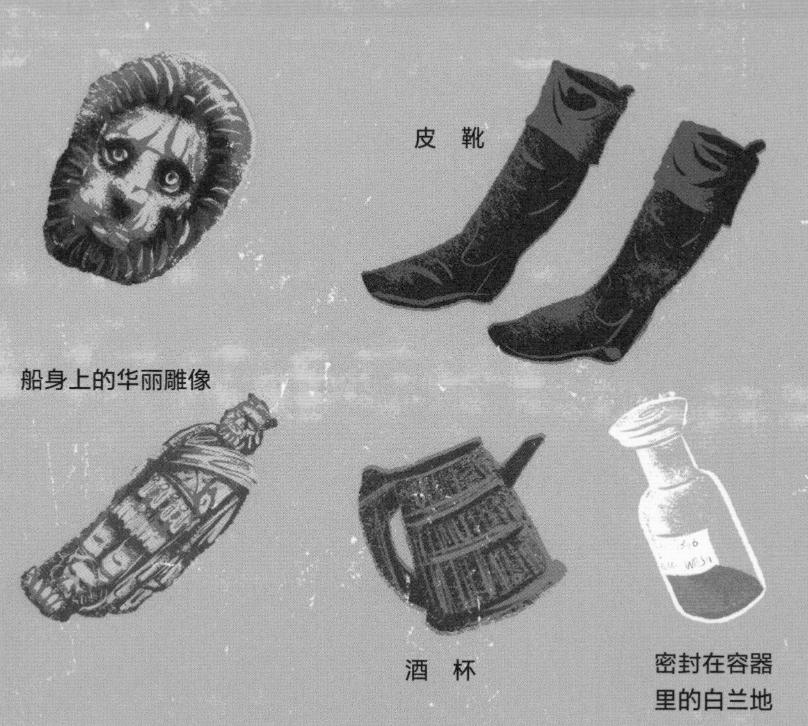

船身上的华丽雕像

皮 靴

酒 杯

密封在容器里的白兰地

“瓦萨号”沉船

1628 年建成的瑞典军舰“瓦萨号”是当时世界上最大的船。不幸的是，它头重尾轻，在处女航时不幸沉没在斯德哥尔摩港。“瓦萨号”在 1961 年被成功打捞起来，由于港口光照不足，海水很冷，加上海水受到严重污染，一些可能会破坏木材的微生物也被杀死了，所以船的保存状况良好。“瓦萨号”经过修复后，陈列在瑞典的瓦萨博物馆，同时展出的还有从沉船中找到的 1 万多件物品。

“幽冥号”和“恐怖号”

1845 年，英国探险家约翰·富兰克林爵士率领一支探险队，试图找到能够穿越北极的西北航道。他带领的两艘船，皇家海军的舰艇“幽冥号”和“恐怖号”都被困在冰中，船上 129 名船员全部遇难。多年来，这两艘船一直下落不明，但后来历史学家路易·卡穆卡卡发现了一个重要的线索。他意识到，那些自己小时候听到过的故事，以及 19 世纪搜寻者收集到的故事，都与富兰克林的远征有关。在 2014 年至 2016 年间，他的建议引导考古学家找到了位于加拿大威廉国王岛附近的沉船。低温让沉船及里面的东西得以保存，这些宝藏主要包括：

中尉制服上的肩章（肩饰）

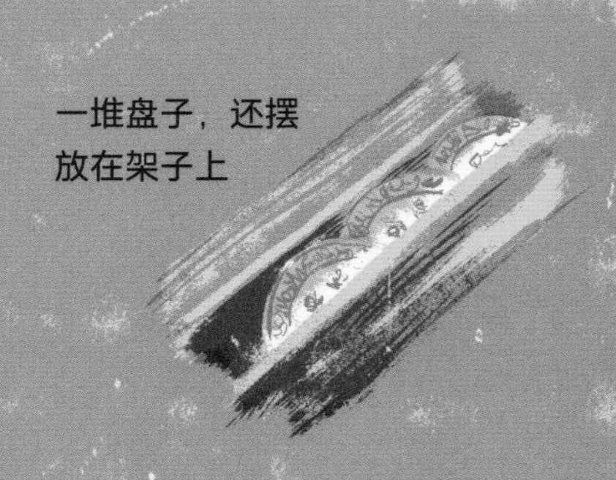

一堆盘子，还摆放在架子上

一把缠着头发的梳子

封蜡，上面还留着指纹

泰坦尼克号

号称“永远不会沉没”的“泰坦尼克号”是在爱尔兰岛的贝尔法斯特建造的。它重达 5.2 万吨，长约 269 米，是当时世界上最大的船之一。1912 年 4 月 10 日，“泰坦尼克号”从英国南安普敦启航。四天后，晚上 11 点 40 分，在距离纽芬兰海岸 740 千米处，它撞上了一座冰山。在 160 分钟后，它完全沉没了，船上 2200 多名乘客中有大约 1500 人遇难。直到 73 年后，人们才见到了“泰坦尼克号”残骸。

寻找之路

当海洋学家罗伯特 · 巴拉德请求美国海军提供资金，以研发可用于搜寻“泰坦尼克号”的设备时，他们同意了——条件是该设备要优先被用于调查和寻找两艘美国潜艇残骸的秘密任务。

搜寻残骸

巴拉德开发了一个名为“阿尔戈号”的遥控装置，它装有照明设备、摄像机和声呐设备，可以由一艘科考船拖着，调查海面以下 6000 米的地方。巴拉德在 1984 年和 1985 年调查两艘美国潜艇时，发现沉船会在海床上留下一条有点像彗星尾巴的碎片痕迹。巴拉德决定寻找“泰坦尼克号”的碎片痕迹——这比船体本身要大得多。1985 年 9 月 1 日，“泰坦尼克号”的一个锅炉被发现了。第二天，“阿尔戈号”在水下约 3840 米的深度拍摄到了沉船的主体部分。

头等舱的一些豪华装饰被保存了下来，包括头等舱餐厅的彩色玻璃窗。

现在我们还能看到船长房间里的浴缸！

支撑七层大楼梯的圆形石柱仍然清晰可辨。

当“泰坦尼克号”沉入海底大约 3750 米时，它断成了两截。

船尾下沉的速度也非常快，以至于发生扭转，大部分船身都被撕裂了。

船头部分下沉得非常快，直到陷入海床 18 米深。

回到沉船

1986 年，巴拉德重返“泰坦尼克号”。他乘坐“阿尔文号”深潜潜水器前往沉船处，目睹了沉船。与“阿尔文号”相连的是一个较小的机器人“小杰森”，它可以在海床上移动，拍摄照片和采集样本。巴拉德坚持认为，既然沉船安葬了那么多遇难者，它就应该受到尊重。

沉船上至少生活着 28 种生物，包括鱼类、海参、蛀船蛤科动物和虾。在“泰坦尼克号”残骸上首次发现了吃铁锈的细菌，后来被命名为泰坦尼克盐单胞菌。

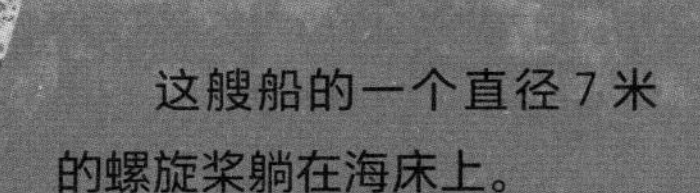

这艘船的一个直径 7 米的螺旋桨躺在海床上。

沉没的城市

自从希腊哲学家柏拉图写下亚特兰蒂斯这个高度发达的岛屿文明以来，人们就一直着迷于“沉没的城市”这个概念。传说，当亚特兰蒂斯的居民变得贪婪和不道德时，众神用火山爆发、地震和海啸的方式摧毁了这座城市。亚特兰蒂斯沉入海底，关于它的所有信息也随之消失了。大多数人认为这个故事是柏拉图编造的，但也有一些人认为他有关亚特兰蒂斯的故事是源于希腊的锡拉岛（现在的圣托里尼岛）。不管亚特兰蒂斯是否存在过，海底确实有很多曾经真实存在过的城市……

索尼斯－希拉克莱奥和卡诺帕斯

这两座古城的遗迹位于埃及现代城市亚历山大附近的近海浅水区。它们有 2000 多年的历史，在公元 2 世纪或 3 世纪沉没，当时一系列的地震和海啸导致支撑它们的土壤液化。它们只沉在 15 米深的海底，但几个世纪以来却完全被人们遗忘。直到 20 世纪 90 年代，潜水员才开始探索它们。他们发现了巨大的花岗岩建筑石块、雕像和方尖碑，以及巨大的寺庙、皇家宫殿和亚历山大灯塔的遗迹，这座灯塔还是古代世界的七大奇迹之一。

皇家港（罗亚尔港）

这个牙买加的海港小村庄曾被称为“地球上最邪恶的城市”，著名的海盗，包括黑胡子和亨利·摩根，都把它作为港口。1692 年 6 月 7 日，皇家港遭受了大地震和海啸的袭击，占城镇面积三分之二的区域都沉入了大海，大约有 3000 名居民遇难。今天，潜水员可以探索那些沉没在海底的街道和建筑。

马哈巴利普拉姆

马哈巴利普拉姆是印度泰米尔纳德邦的一座城镇，由公元 3 世纪到 9 世纪统治印度南部的帕拉瓦王朝建造。城镇著名的海岸神庙还坐落在海岸上，而其他部分全都沉入水下。2004 年，印度洋的一场海啸让人们发现了埋在近海的雕像。

亚特利特雅姆古村落

这个沉在水下的新石器时代的村庄，位于以色列亚特利特的海岸外海平面以下 812 米的地方，它的历史可以追溯到公元前 7000 年。人们在这里发现了石头圈、房屋、粮仓和骷髅。这里的遗址保存得十分完好，人们甚至在谷物中发现了新石器时代的象鼻虫！

潜入海中

早期的潜水器已经被证明是非常有用的，但是想要在海面下航行更长时间，还需要更大、性能更强的潜水器。发明家们看到了水下船只的军事潜力，便开始开发潜艇，以便从水下攻击毫无防备的敌人。

最开始，建造潜艇的尝试遇到了许多挫折。罗伯特 · 富尔顿于 1800 年设计出人力驱动的“鹦鹉螺号”潜艇，用它来将水雷拖到敌舰的下方。尽管它拥有许多现代潜艇的特征，但是它并没有成功。富尔顿没能如愿说服法国海军购买这台装置，于是只好把它当作废品卖掉了。德国发明家威廉 · 鲍尔于 1850 年制造了“潜水员号”潜艇，原本打算让它潜入敌舰下面，以便船员在敌舰底部安装炸药，但是它在基尔港试航时就沉没了。这艘被打捞上来的潜艇残骸在德国德累斯顿交通博物馆展出，它是现存最古老的潜艇。

1864 年美国内战期间，南部邦联的“汉利号”潜艇击沉了北部的“豪萨托尼克号”舰艇，这标志着潜艇的军事潜力首次得到证明。但海底战争是致命的：在“豪萨托尼克号”沉没后，“汉利号”也沉没了，艇上 8 名船员全部遇难。

直到 19 世纪末，潜艇才开始被成功地使用。1898 年，西蒙 · 莱克的“阿尔戈 1 号”潜艇以汽油为动力来源，从弗吉尼亚州的诺福克开到了新泽西州的桑迪胡克。爱尔兰工程师约翰 · 菲利普 · 霍兰为美国、日本和英国海军建造了“霍兰号”。这些潜艇是第一批将电动机、电池和内燃机结合起来使用的潜艇，为我们今天使用的潜艇的动力模式奠定了基础。

潜艇是如何工作的

船能够漂浮是因为它们受到的浮力与重力平衡。潜艇可以通过将水送进和排出压载水舱来改变浮力，从而能够潜入水中或浮出水面。若要下沉，需要将压载水舱装满水，让潜艇增重；若要上浮，需要将高压空气注入压载水舱，把水排出去。

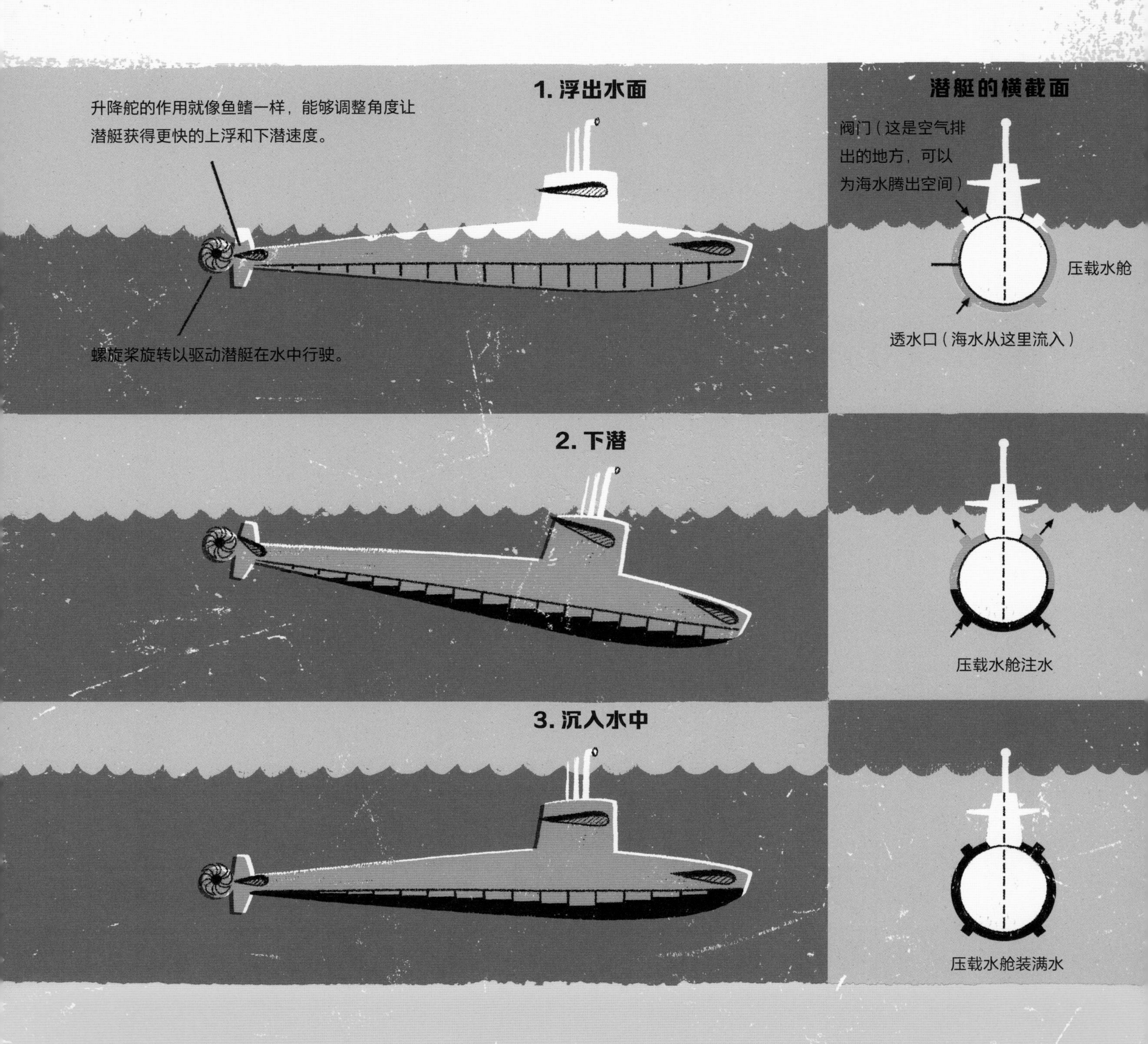

潜艇动力由电力提供，而电力靠蒸汽驱动涡轮机产生。潜艇使用柴油或核能来产生蒸汽。柴油必须经过燃烧——这一过程需要氧气供应——以产生热量将水转化为蒸汽，因此柴油发动机只能在海面上使用。柴油发动机驱动发电机，为电池充电，以便在潜艇沉入水中时为潜艇提供电力。

在控制室里

导航：在深海中没有光来指引方向，全球定位系统（GPS）也无法在水下工作，潜艇是依靠惯性导航系统（INS）来进行导航的。它们使用加速计来测量速度（包含速率和方向），同时使用陀螺仪来测量旋转角度。计算机结合这些数据来计算潜艇从一个已知的起点向哪个方向移动了多远的距离。

潜望镜：它有点像潜艇的"眼睛"。当潜艇沉入水中时，艇员可以用它侦查水面的情况。为了不被发现，潜望镜又长又细，通常还会被涂成深色。

水：水是船员生存和设备冷却所必需的。潜艇里的淡水是由海水淡化而来的。

垃圾：即使是在潜艇上，也必须有处理垃圾的地方！ 它们被压缩装入钢制容器，然后通过气闸排放到海床上。

空气供给：潜艇通过压缩空气罐来携带氧气，也可以在潜艇里通过化学反应来生成氧气。船员呼出的二氧化碳会被化学物质吸收。

不可思议的救援

即使到了 20 世纪，潜艇已开始被世界军事强国使用，乘坐它们仍然是十分危险的。像“麦凯恩潜艇救援舱”这样的发明就是为了拯救那些可能会落水的船员的生命。即使在日常的潜水测试中，这种危险性也非常大……

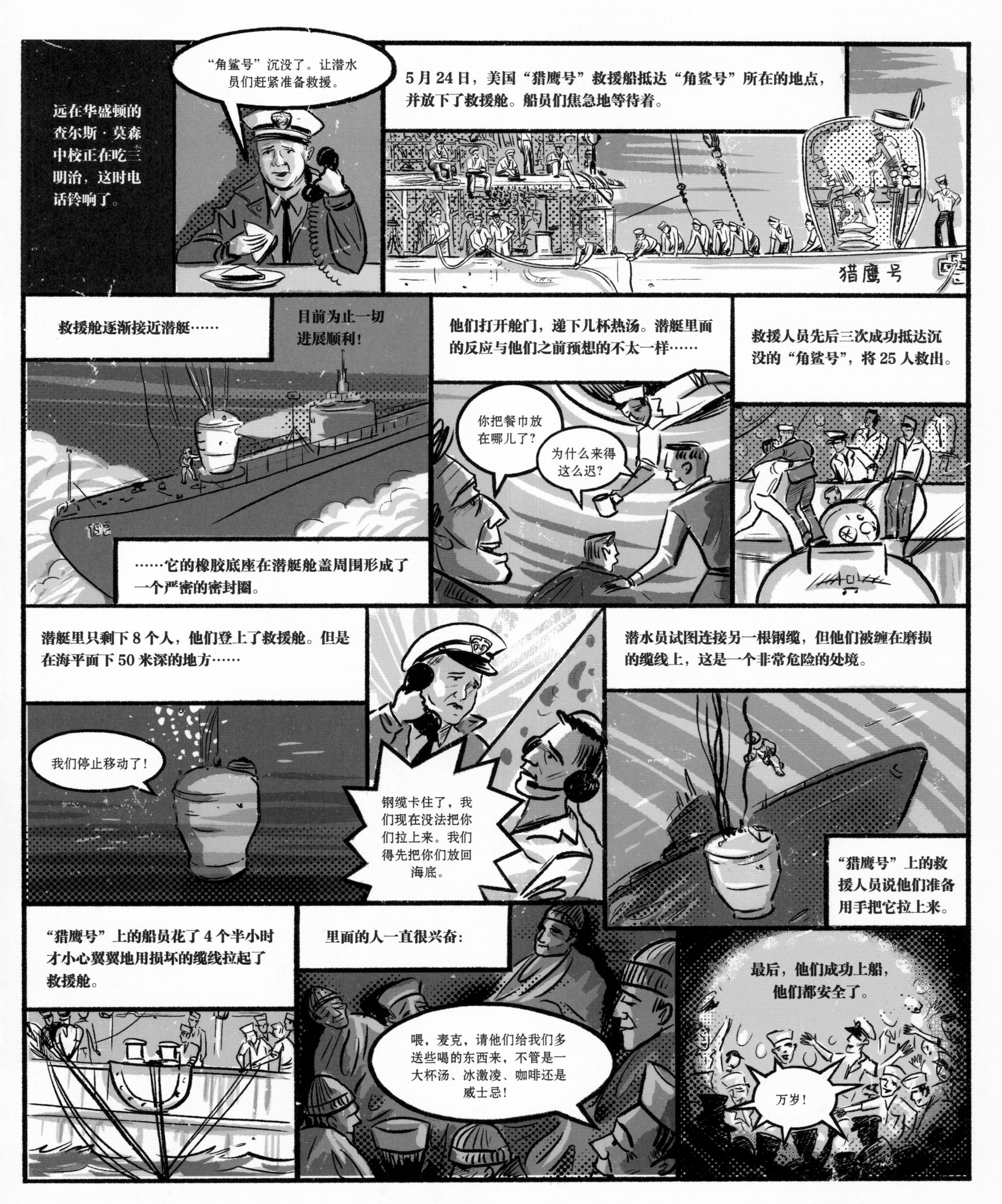

查尔斯·莫森的“猎鹰号”救援船救出了全部33名幸存的船员。这一成就是全世界第一次，在此之前，在水下6米以下的地方还没有潜艇被成功救援过。“角鲨号”下潜的深度是74米——在莫森的救援舱被发明以前，沉在这个深度就等于被宣判了死刑。

海底世界

几千年以来，大多数人都认为海洋的作用只在于交通，或者把海洋视为一个巨大的储藏室或埋藏宝藏的地方。但海洋生物学的先驱们已经在告诉我们，海洋本身就是天然的宝藏。

在 18 世纪，博物学家有时会随政府的发现之旅同行。1766 年，菲利伯特 · 康莫森和他的助手珍妮 · 巴雷特（她当时女扮男装随行，成为第一个环游世界的女性），与法国海军上将路易斯 · 安托万 · 德 · 布干维尔一起启航，他们收集的标本被用在贝尔纳 · 热尔曼 · 德 · 拉塞佩德的著名著作《鱼类的自然史》中；英国航海家詹姆斯 · 库克船长也把博物学家带上了船，在他 1768 年至 1780 年的航行中，后者研究了太平洋的海洋物种。

19 世纪，更多科学家开始探索海洋生物，其中包括博物学家查尔斯 · 达尔文，他搭乘“贝格尔号”（也叫“小猎犬号”）环绕南半球航行了 5 年。海洋生物研究于这一世纪取得了许多进展，包括 1872 年至 1876 年的“挑战者号”探险成果。在苏格兰海洋生物学家查尔斯 · 威维尔 · 汤姆森的带领下，“挑战者号”发现了约 4700 种新的海洋物种，并证实了在海平面以下 5000 米的地方存在着生命——在此之前这被认为是不可能的。

海洋生物学是一门不断发展的科学。安东 · 多恩于 1873 年在意大利那不勒斯建立了研究站，以便来自世界各地的科学家能够合作。然而，即使在今天，海洋生物学仍然是一门充满挑战的学科，因为研究人员要前往世界的偏远地区，在暴风雨或极度寒冷的天气中工作。但它同时也是一门有益的学科，还有许多未知等待被发现——据科学家估计，迄今只有 9% 的海洋生物被记载。

海洋生物学家

海洋生物学家研究的生物小到浮游生物，大到蓝鲸。他们的设备可以像抄网（手持小渔网）一样简易，也可以像遥控潜水器一样复杂。他们不但要设计和开展实验，而且在沉浸于研究时还得修理船的引擎，或者进行潜水。海洋生物学家的许多发现改变了我们对海洋生态和海洋保护的认知。

蕾切尔·卡森（1907—1964）是美国海洋生物学家和环保主义者。她曾在美国渔业管理局担任水生生物专家，后来成为著名的自然作家。她的开创性著作《寂静的春天》对农药滥用给予了超前的警告，并促使许多国家修改法律，以更好地保护海洋。她的著作推动了环境保护运动。

尤金妮亚·克拉克（1922—2015）也被称为“鲨鱼女士”，她对鱼类繁殖和鲨鱼的行为进行了研究。她是二战后从事海洋生物学的少数女性之一，她努力让公众更积极地看待鲨鱼，有好几种鱼都是以她的名字命名的。她直到 92 岁仍在潜水。

明仁（生于 1933 年）是日本第 125 代天皇，也是海洋生物学家。他对虾虎鱼进行了研究，有一种虾虎鱼以他的名字命名：明仁鹦虾虎鱼。

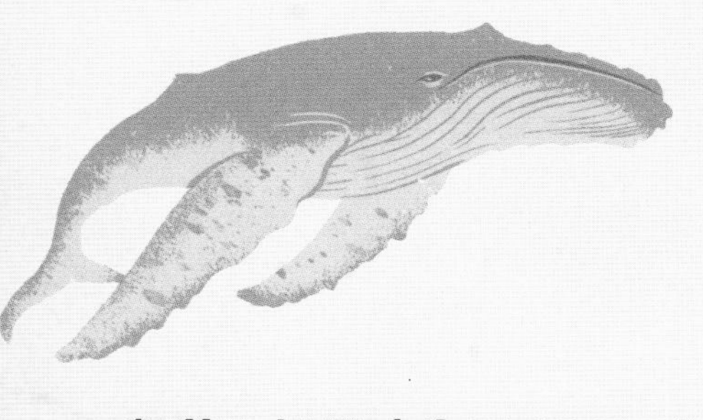

凯蒂·佩恩（生于 1937 年）是一位美国生物学家，她用了很多年研究和分析座头鲸的歌声。她发现座头鲸的歌声（只有雄性会唱）每个季节都会改变，而且包含韵律和重复出现的旋律。

米歇尔·格雷罗－曼奇诺（生于 1971 年）领导着一个海洋生物学家小组，在他的祖国厄瓜多尔的海岸研究蝠鲼。这些巨大的蝠鲼“翼展”可达 7 米，在那里发现的蝠鲼数量比世界上任何其他地方都要多。这个小组正在调查蝠鲼的分布和活动情况，并正在为这种高度濒危的鱼类制订保护计划。

阿莎·德沃斯（生于 1979 年）是一名斯里兰卡的海洋生物学家，专门研究北印度洋的蓝鲸。她是第一个获得海洋哺乳动物研究博士学位的斯里兰卡人。阿莎还成立了“海洋之井”——斯里兰卡第一个海洋保护、研究和教育组织。

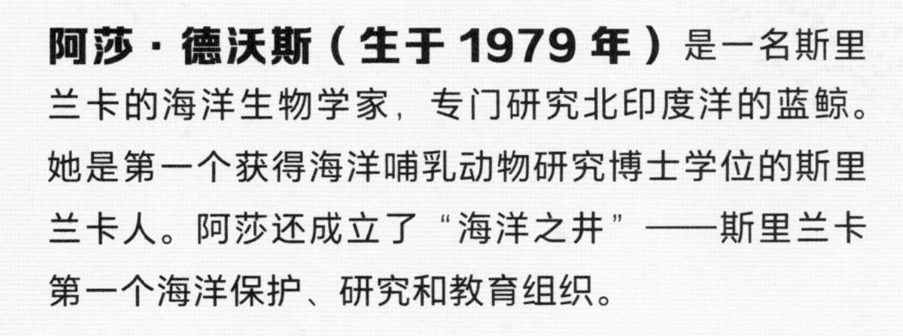

海底的环境

海洋生物学家的研究让我们了解到海洋中有许多不同的栖息地，它们是 100 万到 1000 万个物种的家园，也拥有地球上最高的生物多样性。岩石池、珊瑚礁、极地海洋或海藻森林中的动物和植物面临着不同的挑战，需要不同的适应力才能生存。

岩石池

岩石池是一个充满动物和海藻的小世界，这里的生物必须应对每天两次剧烈变化的环境——退潮时，水温升高，含氧量下降；涨潮时，潮水的力量会冲击池里的“居民”。

珊瑚礁

珊瑚礁通常生长在世界上热带和亚热带地区温暖的浅水中。珊瑚虫是一种生活在巨大群体中的微小动物，它们死后，坚硬的骨骼就会形成珊瑚礁，新的珊瑚在上面生长。生活在珊瑚虫中的微小的藻类通过光合作用产生养分，珊瑚和藻类互相滋养。珊瑚礁每年生长 2—16 厘米，但它们很容易被污染物、气候变化导致的海水温度上升和像棘冠海星这样的捕食者破坏。

尽管珊瑚礁是地球上生物多样性最丰富的生态系统之一——它们容纳了 25% 的海洋物种，但它们只占海洋面积的不到 1%。它们在很多方面都很重要：珊瑚礁可以保护海岸，使其免遭海浪和风暴的侵袭；它们也为许多生物提供了庇护和食物。许多种类的鱼将它们作为育儿基地，而像鲨鱼和鸟类这样的捕食者则将它们作为捕猎场。

极地海洋

北极和南极寒冷的海洋营养丰富，充满了生命。北冰洋的大部分区域都很浅，所以微小的、依赖光线的浮游植物可以在这里茁壮成长。它们虽然微小，但至关重要，因为它们是海洋食物链的基础，可以利用光进行光合作用。许多动物，比如磷虾，都以浮游植物为食。大型动物又直接或间接地以磷虾为食。磷虾也生活在其他海洋中，在那里它们同样属于重要的食物来源。

南大洋是多种动物的家园，包括海星、乌贼和许多鱼类。约 10 种企鹅和海豹，包括威德尔海豹和豹海豹，都在这片水域中捕鱼。南大洋也是多种鲸类的家园。

海藻森林

海藻是一种大型海草，生长在相对寒冷的浅水中。海藻在海床上繁殖，在温带和极地海洋的海岸附近可以形成巨大的“森林”，为许多物种提供食物和可以躲避风暴的庇护所。巨藻以惊人的速度生长。一些鱼把提供遮蔽的海藻森林作为保护它们幼崽安全的“托儿所”，而海獭则通过吃掉生活在这里的海胆来帮助保护海藻森林，否则海胆会破坏海藻。海藻还能产生氧气。你吸入的氧气中，有一半以上是由海洋中的生命“制造”的，比如海藻和能够进行光合作用的浮游植物。

海床

1831 年 7 月，西西里岛的海岸外出现了一座新的岛屿——格拉汉姆岛（英国人称之为格拉汉姆岛，西西里王国的国王称它为费迪南德岛）。它的到来伴随着震耳欲聋的轰鸣、硫黄的气味和从海里滚滚升起的烟雾——一座海底火山爆发了。

位于西西里岛和突尼斯之间海上战略要地的格拉汉姆岛差点引发一场战争，因为欧洲一些国家在争夺它的主权。幸运的是，它消失的速度几乎和它出现的速度一样快：这个岛由火山喷发的碎屑构成，极易被海水侵蚀，到 1831 年 12 月它已经被淹没。

历史上很长一段时间里，只有在海底的地震活动在水面产生迹象时，人们才能够知道它的发生。由于海洋覆盖了地球表面的很大部分，如果不观察海床就很难了解地球的地质情况。海洋到底有多深？直到 19 世纪，科学家和水手们才开始对深水进行精确测量。1840 年，詹姆斯・克拉克・罗斯爵士（罗斯海就是以他的名字命名的）用一根加了重物的绳子首次成功测量了公海的深度。罗斯克服了测量时船漂移造成的读数误差的问题，他从由另两艘船所固定的小船上测量了水深，这确保了绳子可以笔直地向下。他在南大西洋记录了 4432.9 米的深度数值。

19 世纪中期的海底勘测仍然使用加了重物的绳索，虽已开始勾勒出海底有山脊、山谷和深深的峡谷的景象，但无法进行具体的勘测。直到 20 世纪 60 年代，深海潜水器（DSV）被发明出来，人们才得以进入深海。深海考察活动的观察结果帮助我们更清楚地了解海床运动是如何造成地震、火山和海啸的发生，以及如何塑造整个地球的。

地壳的板块

对海洋的研究为板块构造的存在提供了证据——巨大的地壳板块“漂浮”在它们下方的熔岩上。在板块相遇的地方，会有许多火山和地震爆发，这是由板块碰撞和摩擦引起的。许多板块在太平洋的周围交会，因此形成“太平洋火环”。

我们的星球有好几层。地壳是地球的表层（只占地球体积的 1%），由各种类型的固体岩石组成，形成了构造板块。地壳的平均厚度为 17 千米，“漂浮”在它下面的半固态地幔上。地幔是固态岩石和液态岩浆的混合物。这就是构造板块可以相对移动的原因。在地幔之下，在地球的中心，是致密的金属地核。

在海床上

20 世纪 50 年代，地质学家布鲁斯 · 希曾利用声呐技术收集了海洋盆地深度的数据。海洋制图师玛丽 · 萨普利用这些信息绘制了海床的地形图，显示了海底的三个重要地貌特征：

❶ **海沟**形成于海床上板块相遇的地方。密度大的板块被推到密度小的板块下面，并向下进入地幔，形成一个很深的“V”形沟渠，如马里亚纳海沟。熔岩也会涌出，形成山脊或与海沟平行的岛链。日本的岛屿就是这样形成的。板块在陆地上相遇的地方就会形成像喜马拉雅山那样的山脉。

❷ **海岭**是巨大的水下山脉，又称洋脊。在海底板块分离的地方，熔岩涌出并填补空隙，形成了海岭。大西洋中脊就是这样形成的。当两个板块在陆地上相互远离时，就形成了裂谷。在冰岛的辛格维利尔国家公园大裂谷，北美洲板块和欧亚板块正在那里慢慢分开。

❸ **转换断层**——当板块相遇并滑过彼此时，它们会因摩擦而被卡住。压力不断累积，最终会发生相对移动。当这种情况发生时，就会引起地震。大多数断层都是在海底发现的，比如阿拉斯加附近的夏洛特皇后—费尔韦瑟断层，但少数在陆地上的断层更为人熟知，例如位于加利福尼亚州的圣安德烈亚斯断层。

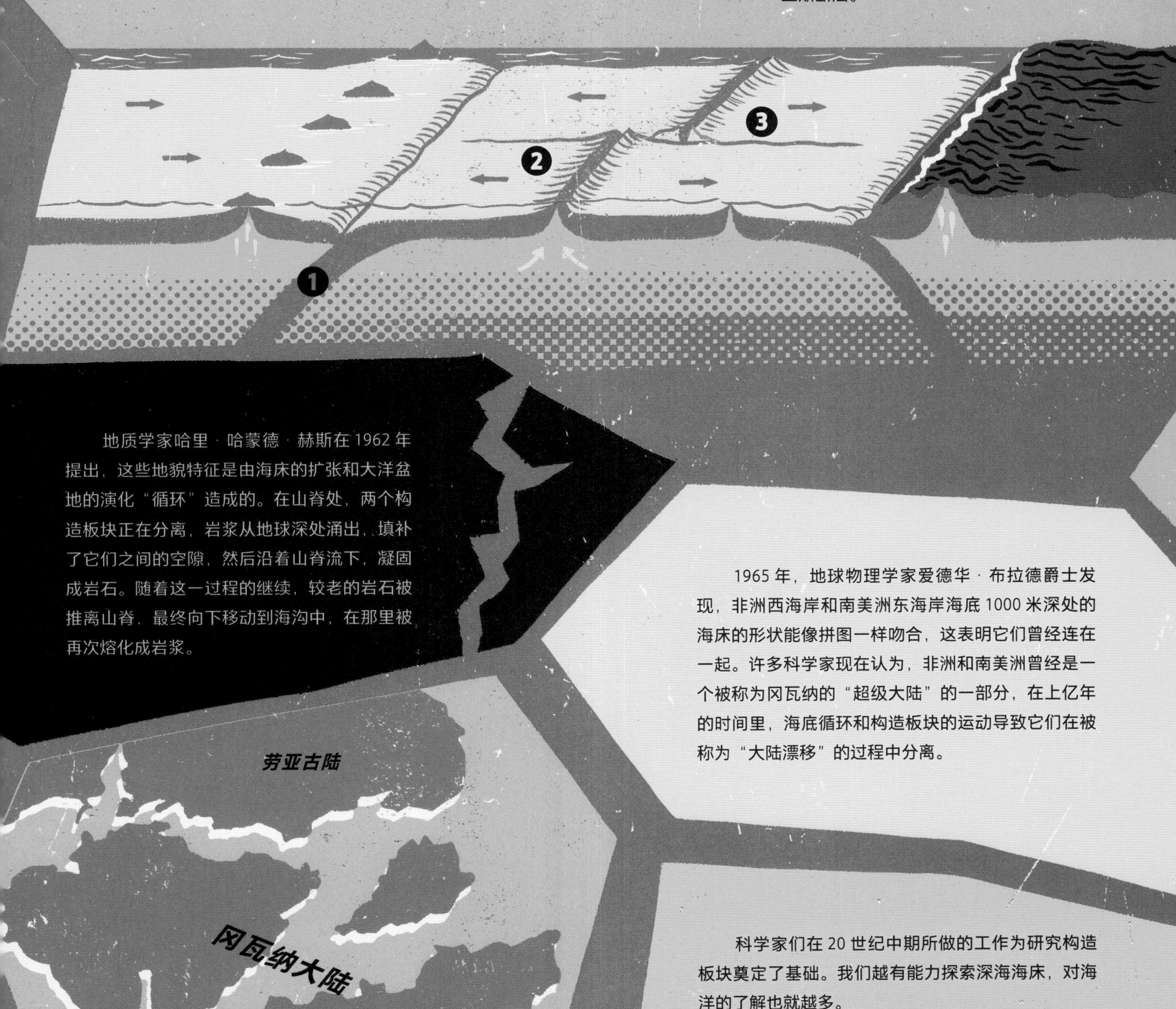

地质学家哈里 · 哈蒙德 · 赫斯在 1962 年提出，这些地貌特征是由海床的扩张和大洋盆地的演化“循环”造成的。在山脊处，两个构造板块正在分离，岩浆从地球深处涌出，填补了它们之间的空隙，然后沿着山脊流下，凝固成岩石。随着这一过程的继续，较老的岩石被推离山脊，最终向下移动到海沟中，在那里被再次熔化成岩浆。

1965 年，地球物理学家爱德华 · 布拉德爵士发现，非洲西海岸和南美洲东海岸海底 1000 米深处的海床的形状能像拼图一样吻合，这表明它们曾经连在一起。许多科学家现在认为，非洲和南美洲曾经是一个被称为冈瓦纳的“超级大陆”的一部分，在上亿年的时间里，海底循环和构造板块的运动导致它们在被称为“大陆漂移”的过程中分离。

科学家们在 20 世纪中期所做的工作为研究构造板块奠定了基础。我们越有能力探索深海海床，对海洋的了解也就越多。

海底火山

人类历史上最大的火山爆发可能发生在距今 3600 年前希腊的圣托里尼岛附近。一座名为锡拉的水下火山爆发，其威力估计相当于 5 万颗原子弹。它在岛上炸出了一个巨大的洞，这是沉没的城市亚特兰蒂斯的传说来源。海底火山活动长期影响着人类历史，但直到最近几年才被充分了解。现代科学家在这一领域的研究不仅拓宽了我们对地球物理的认知，而且拓宽了我们对地球上生命活动方式的认知。

火山喷发

像锡拉火山和费迪南德岛火山这样的海底火山对人类历史产生了深远的影响。如今，科学家认为，地球上大约有一百万座海底火山，这些海底火山活动大约占据了地球上火山活动的 80%。

海底火山通常是在海岭上分离的构造板块之间岩浆涌出的地方形成的。大多数火山都在深海中，所以，如果没有现代的潜水器，人们就很难对它们进行研究。现代潜水器可以深入到水下足够深的地方，调查火山的喷发情况并收集样本。

有时，像叙尔特塞这样的海底火山在喷发时会形成新的岛屿。

深海中的压力意味着岩浆不会像在陆地上的火山那样从海底火山中直接喷发出来，而是更容易以气泡的形式喷发。有时，熔岩凝固时会夹杂着大量气泡，形成巨大的浮岩，浮岩是一种多孔的玻璃质喷出岩，密度较小，能浮于水面。一些较浅的海底火山会释放大量的热蒸汽。

叙尔特塞岛（苏特西岛）

在 1963 年到 1967 年间，由于冰岛南海岸浅水区的一系列火山喷发，叙尔特塞岛浮出了海面。它以北欧神话中火神苏尔特尔的名字命名，是地球上被研究得最深入的岛屿之一，因为它展示了生物是如何移居到岛屿上并演化的。

海底地震和海啸

海底地震通常不会像陆地上的地震一样造成那么大的破坏，除非它们引发了海啸——一种巨大且往往具有破坏性的海浪。海底火山、山体滑坡和冰川崩裂的大块冰块也会引发海啸。2004 年 12 月 26 日，苏门答腊岛附近的海域发生了特大地震，震级达到里氏 9.1 级，引发了印度洋海啸。它给周围 14 个国家造成了破坏，并且导致孟加拉湾和印度洋附近约 30 万人死亡。这场地震的威力如此之大，还使北磁极偏移了 25 毫米，并使地球自转速度稍微加快了一点，一天缩短了约 2.68 微秒。

热液喷口

1977 年，科学家在研究加拉帕戈斯群岛附近的海岭时，发现了奇怪的黑色“烟囱”。我们现在知道这些“烟囱”是海底热泉的喷口（热液喷口），如果海水与大洋中脊的岩浆相遇，就会在海床上形成热液喷口。

在热液喷口的周围，水的温度可能超过 350 摄氏度，但水不会沸腾，因为它处在巨大的压力下。热液喷口可能会非常巨大，有些高达 55 米。

从喷口流出的液体充满了溶解的矿物质，让它看起来像烟。喷口可能形成由金属硫化物构成的黑烟柱，或由富含钡、钙和硅等的碳酸盐矿物构成的白烟柱。

许多独特的生物生活在这些“烟囱”周围，这一发现引发了一场生物学的革命。在此之前，人们认为所有的生命都依赖阳光来获取能量，但这些生物可以在完全黑暗的环境中生存，因为细菌能够利用海水中的氧气和热液喷口中的化学物质来释放能量。这些生物包括蛤、多毛类蠕虫、两米多长的管虫和霍夫蟹——这一“外号”源自它毛茸茸的胸部，是为了向《海岸救生队》的主演大卫·哈塞尔霍夫致敬。

深入深渊

海洋的最深处是马里亚纳海沟，它位于菲律宾和太平洋上的马里亚纳群岛之间。它长约 2550 千米，宽约 70 千米，是由两个构造板块碰撞而产生的，其中一个板块在另一个板块下面滑动。

1875 年，英国皇家海军“挑战者号”首次测量到海沟的深度约为 8184 米。1951 年，英国皇家海军“挑战者二号”用回声测深技术对海沟重新进行了测量，记录海沟最深处约为 10900 米，并将这一深处命名为“挑战者深渊”。如果把珠穆朗玛峰放入挑战者深渊，它的山顶将在海平面以下 2000 多米处。

20 世纪 60 年代，几乎全世界的注意力都集中在太空探索上，但美国海军却热衷于探索马里亚纳海沟，与探索太空一样，这也带来了巨大的技术挑战。进行这种下潜的潜水器必须能承受巨大的压力，而且船员们要在寒冷的环境中度过几个小时，由于舱室太狭窄，船员们无法通过移动来保暖。他们还必须携带足够的氧气。而且没有人能够确定为了这个项目开发的特殊通信系统到底能否在极深的水下工作。

人们探索太空和海洋深渊要面对一些共同的问题：人类有可能探索如此极端的环境吗？人和机器能适应巨大的压力变化吗？在那里会发现生命存在的证据吗？

瑞士海洋学家雅克·皮卡德和他的父亲奥古斯特·皮卡德设计了“的里雅斯特号”深海潜水器，这是一艘比潜艇下潜得更深的自推进潜水器。奥古斯特还是热气球设计师，他甚至在 20 世纪 30 年代打破了热气球飞行的最高高度纪录。他利用自己的浮力知识设计了“的里雅斯特号”，并于 1953 年在意大利下水。1960 年，一艘升级版的“的里雅斯特号”被运到马里亚纳海沟。37 岁的雅克·皮卡德和 28 岁的美国海军中尉唐·沃尔什准备乘坐它前往人类从未去过的地方……

挑战者深渊

1960 年 1 月 23 日，美国海军拖船“旺达克号”完成了将潜水器“的里雅斯特号”拖到距离关岛 320 千米的太平洋海域的任务。在它们下面是地球上最深的地方——马里亚纳海沟。雅克 · 皮卡德和唐 · 沃尔什能在巨大的压力下幸存，成为第一批潜入深渊的人吗？

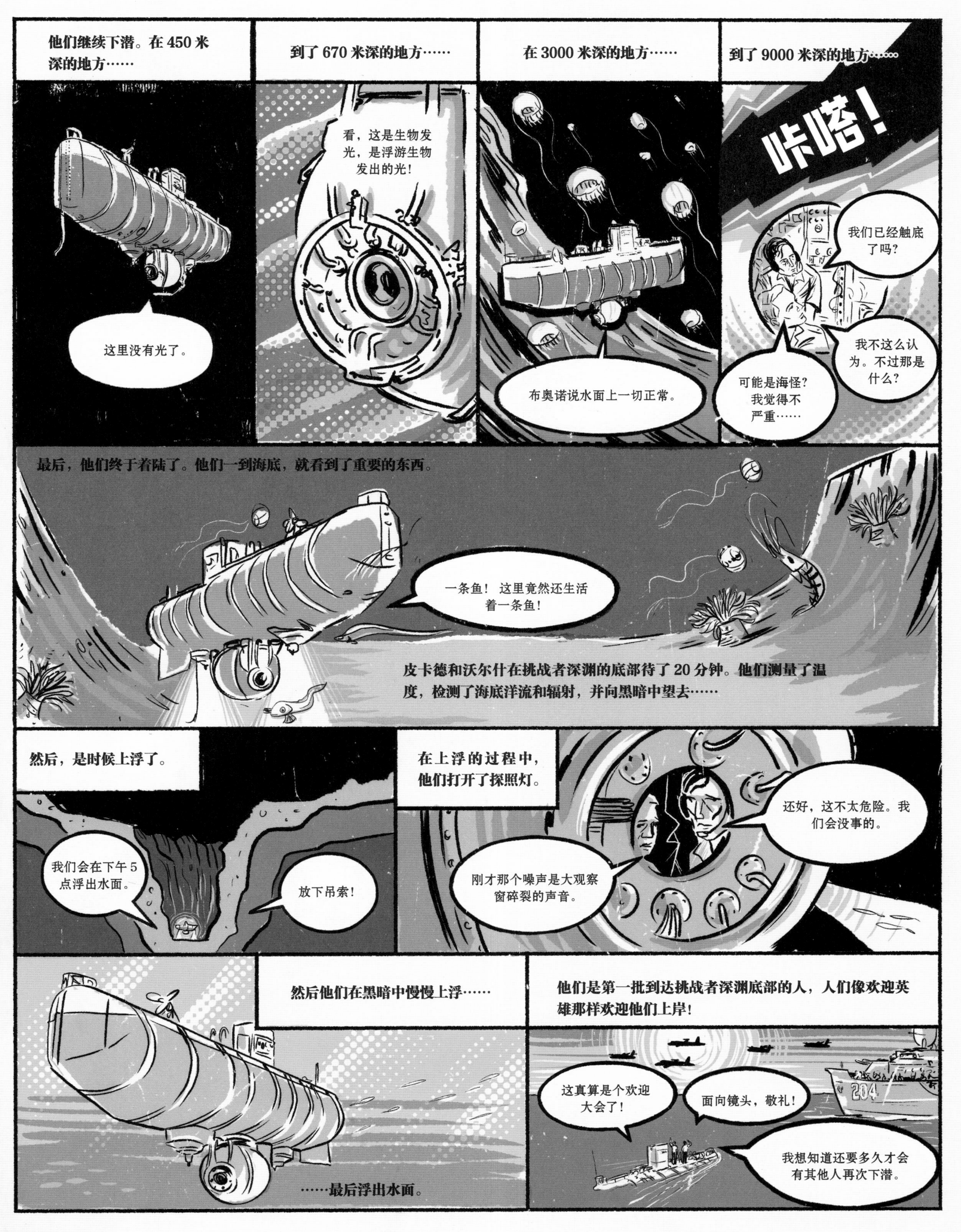
他们继续下潜。在 450 米深的地方……
这里没有光了。
到了 670 米深的地方……
看，这是生物发光，是浮游生物发出的光！
在 3000 米深的地方……
布奥诺说水面上一切正常。
到了 9000 米深的地方……
咔嗒！
我们已经触底了吗？
我不这么认为。不过那是什么？
可能是海怪？我觉得不严重……
最后，他们终于着陆了。他们一到海底，就看到了重要的东西。
一条鱼！ 这里竟然还生活着一条鱼！
皮卡德和沃尔什在挑战者深渊的底部待了 20 分钟。他们测量了温度，检测了海底洋流和辐射，并向黑暗中望去……
然后，是时候上浮了。
我们会在下午 5 点浮出水面。
放下吊索！
在上浮的过程中，他们打开了探照灯。
还好，这不太危险。我们会没事的。
刚才那个噪声是大观察窗碎裂的声音。
然后他们在黑暗中慢慢上浮……
……最后浮出水面。
他们是第一批到达挑战者深渊底部的人，人们像欢迎英雄那样欢迎他们上岸！
这真算是个欢迎大会了！
面向镜头，敬礼！
我想知道还要多久才会有其他人再次下潜。
204

深渊里住着什么？

皮卡德和沃尔什在马里亚纳海沟的底部看到了水母、磷虾、虾和鱼。他们已经回答了生命是否有可能在深海存活的问题——尽管他们实际上看不太清楚！现在我们知道，深海中生活着种类繁多的动物，它们都特别适应在这种环境中生存。

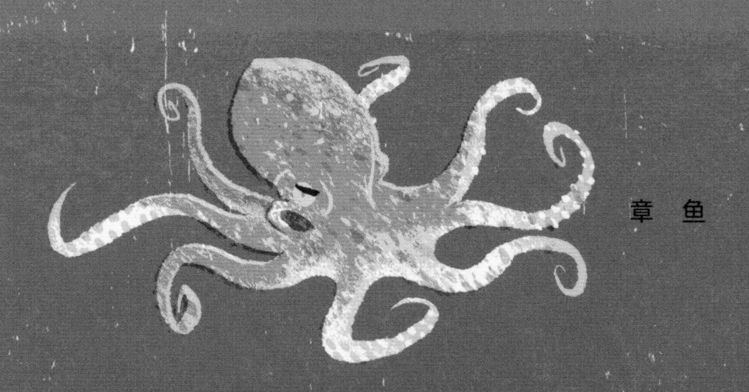
章　鱼

褶胸鱼

生物发光

深渊带也叫“午夜区”，但那里并不是完全黑暗的，那里的一些动物，包括鮟鱇鱼、灯笼鱼、水母和萤火鱿，都可以自己发光——这个现象被称为生物发光。这种光通常是蓝色或绿色的，是由发光生物细胞中的化学反应产生的，用来吸引猎物、互相交流或寻找配偶。

大王乌贼

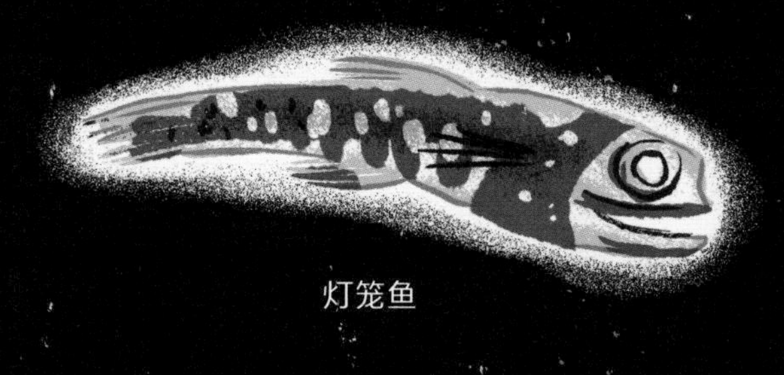
灯笼鱼

太阳水母

深海鮟鱇鱼

食物链是如何运转的？

由于没有光照可以到达这个深度，所以这里的食物链并不是从植物的光合作用开始的。处于食物链底端的动物，主要是被称为片脚类的小型甲壳类动物，依赖“海洋雪”（是从海洋的上层飘下来的小块的生物残骸）以及相互蚕食为生。鱼类是掠食者，吃片脚类动物、其他鱼类，或者以“海洋雪”为生的食腐生物。有的时候，当一个死掉的大型生物，如鲸，沉到深渊的底部时，这些鱼类就可以吃上一顿真正的盛宴。

在海平面以下 4000—6000 米之间，细菌的数量并不多，但新的研究表明，在 6000 米以下，这些微生物会大量繁殖。细菌以死去的藻类等有机物为食。

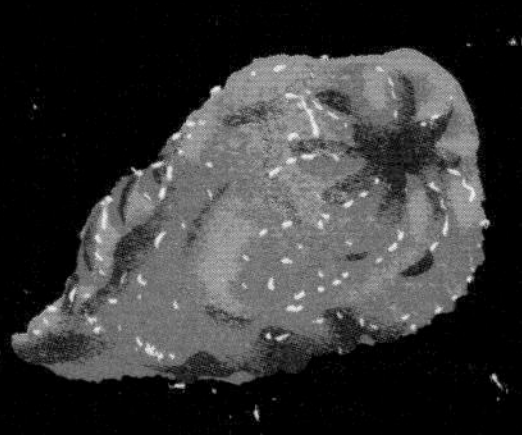
海　参

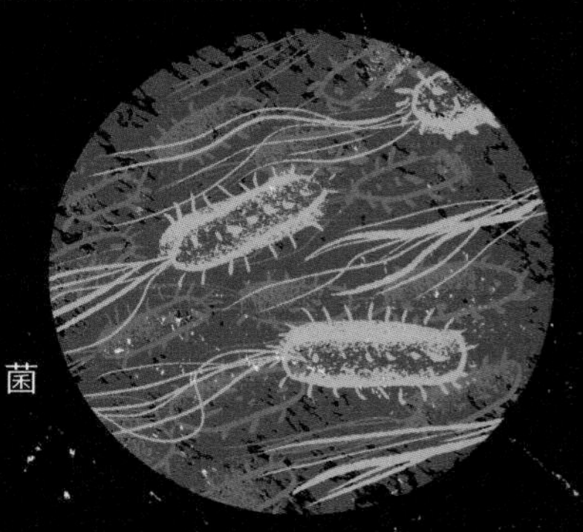
细　菌

海洋的日光区

海洋的日光区是海面到约 200 米深的区域。在这里，有足够的光照能够让植物通过光合作用产生能量。

海 龟

金枪鱼

藻 类

剑 鱼

海洋的暮光区

200—1000 米深的海域属于“过渡带”，叫暮光区。在这个海域，你下潜得越深，光照就越少。光合作用在这里是不可能进行的。

海洋的午夜区

要生活在海洋的最深处，海洋生物必须能够承受低氧、极高的压力和大约 3℃的温度。水下 1000 米以下的海域没有阳光。

望远镜章鱼

小飞象章鱼

皱鳃鲨

巨型阿米巴虫——一种直径最大可达 10 厘米的单细胞生物。

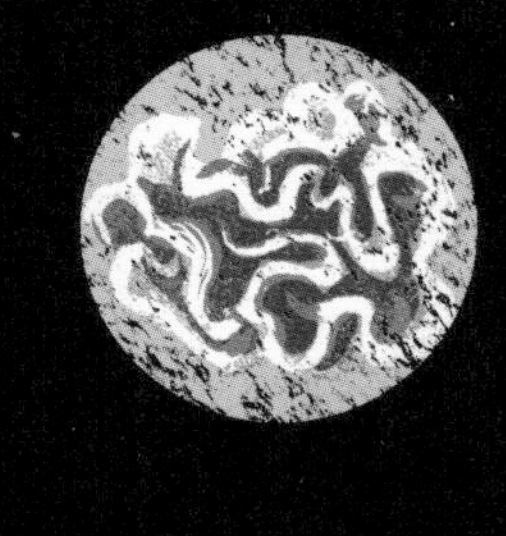

在迄今为止的记录中，生活在最深海域的鱼是在 7966 米深处发现的一种名叫钝口拟狮子鱼的鱼类，也被称为马里亚纳深渊狮子鱼，它于 2014 年首次在马里亚纳海沟被发现。它能承受巨大的压力，部分原因是它身上主要是有柔性的软骨，头骨还有一定缝隙。唐 · 沃尔什和雅克 · 皮卡德在挑战者深渊看到的那条鱼可能就是狮子鱼。

片脚类动物（如虾等甲壳类动物），在 10700 米深的海底被发现，比其他任何动物所在海域都要深。

狮子鱼

继 续 探 索

在创下下潜深度的纪录后，皮卡德和沃尔什仍继续参与海洋探索。皮卡德继续设计潜艇，沃尔什成了著名电影制作人、环保主义者詹姆斯·卡梅隆的顾问。2019 年，维克多·维斯科沃在挑战者深渊完成潜水探索并成功浮出水面时，沃尔什也在现场迎接他。自“的里雅斯特号”下潜以来，已经有很多潜艇载着船员进入深海，以便他们进行探索、研究和采集样本，但能到达深渊底部的人仍寥寥无几。

“阿尔文号”深海潜艇

下水时间：1964 年

国　家：美国

搭　载：3 人

最大深度：4500 米

1986 年，罗伯特·巴拉德乘坐“阿尔文号”深海潜艇下潜到了“泰坦尼克号”的残骸。辛迪·范·多佛是第一位驾驶“阿尔文号”的女性，她发现了加拉帕戈斯裂谷沿线最大的深海热液喷口区。

深海潜航员

除了雅克·皮卡德和唐·沃尔什，只有少数人到达过马里亚纳海沟的底部：

2012 年，加拿大电影制作人詹姆斯·卡梅隆成为第一个独自下潜到挑战者深渊底部的人，他搭乘“深海挑战者号”，仅用 2 小时 36 分钟就到达了 10908 米的深处。

2019 年，维克多·维斯科沃搭乘“深潜限制因子号”完成了有史以来最深的潜水，在 3 个半小时内下潜到了挑战者深渊 10928 米的深处。

2020 年，凯瑟琳·苏利文成为第一位到达挑战者深渊底部的女性，她搭乘的是“深潜限制因子号”，由维克多·维斯科沃驾驶。作为一名前宇航员，她曾于 1984 年成为美国第一位在太空行走的女性。

2020 年 6 月 12 日，维克多·维斯科沃和美国救生员瓦妮莎·奥布莱恩下潜到挑战者深渊的“东池”，花了 3 个小时绘制海底地图。他们发现，海床并不像之前人们所认为的那样平坦，它其实是倾斜的。

“和平号”与“和平二号”

下水时间：1987 年
国　家：俄罗斯、芬兰
搭　载：3 人
最大深度：6000 米

这些研究船偶尔也会协助潜艇开展救援工作。詹姆斯 · 卡梅隆曾用它们来拍摄“泰坦尼克号”和“俾斯麦号”的残骸。

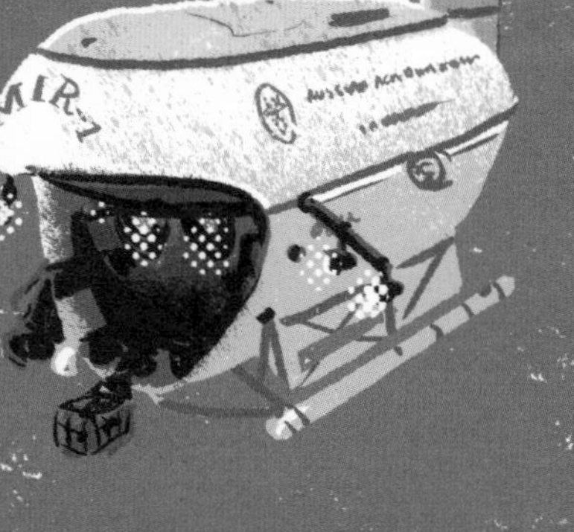

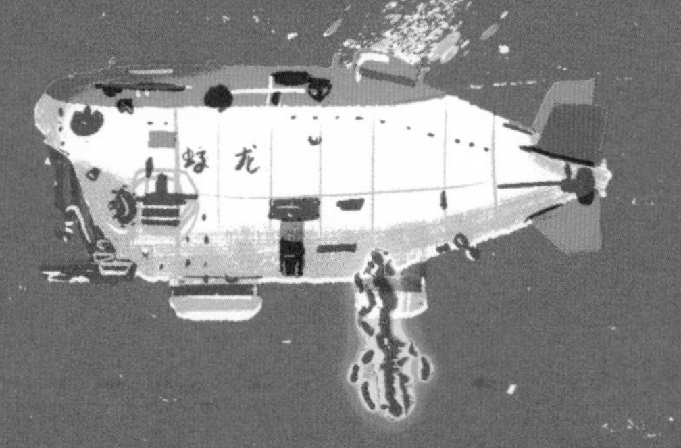

“深海 6500 号”

下水时间：1989 年
国　家：日本
搭　载：3 人
最大深度：6500 米

“深海 6500 号”被用于研究地壳板块运动和深海的生态系统。

“蛟龙号”

下水时间：2010 年
国　家：中国
搭　载：3 人
最大深度：7062 米

“蛟龙号”可以承受 10000 吨的压力，它有 4 个螺旋桨，因而成为最灵活的载人潜水器之一。

“阿基米德号”

下水时间：1961 年
国　家：法国
搭　载：3 人
最大深度：9300 米

“阿基米德号”深海探测器于 1962 年在日本海沟下潜到了 9300 米深，并于 1974 年与“阿尔文号”一起探索了中大西洋海岭。

“深海挑战者号”

下水时间：2012 年
国　家：澳大利亚
搭　载：1 人
最大深度：10908 米

“深海挑战者号”是第二艘到达马里亚纳海沟底部的载人潜水器。

“深潜限制因子号”

下水时间：2015 年
国　家：美国
搭　载：2 人
最大深度：10928 米

“深潜限制因子号”是唯一到达过所有海洋最深处的载人潜水器。

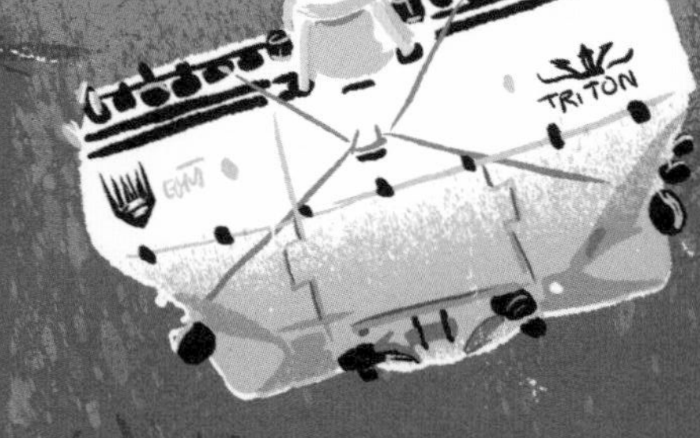

来自深海
的发现

我们在探索世界海洋的过程中，也在地质学、生物学和医学等领域获得了新的发现。能实现这一切是因为我们找到了一些收集海洋信息的新方法，如使用潜水器、计算机模型、卫星信息，甚至鲸！

最大的发现（规模上）之一是，世界上还有第八大洲——西兰蒂亚洲，它大部分都被水淹没了。西兰蒂亚洲的大部分位于新西兰附近的海底，只有新西兰南北二岛和新喀里多尼亚在海平面以上，但对西兰蒂亚洲岩石的研究表明，它是一个独立的大陆，比印度稍微大一点。

稍微小一点的发现是多格兰岛，大约在 12500 年前的最后一个冰河时代的末期，多格兰岛将英国本土与欧洲的其他地方连接起来。大约 7000 年前，随着气候变暖，冰川和冰盖融化，导致海平面上升，多格兰岛再次消失了。

至于规模更小的发现是，人们在马里亚纳海沟发现了生命体，包括世界上最大的单细胞生物——巨型阿米巴虫，它的单个细胞直径最大可达 10 厘米。与此同时，还有许多海洋微生物正在被研究，它们可能成为新药物和抗生素的来源。我们对这片“最后的未知之地”的探索仍处于早期阶段——生物学家估计，到目前为止，生活在海里的物种只有 9% 被人类发现。

我们现在才刚开始认识到海底蕴藏着的巨大资源。现在，我们必须研究如何负责任地使用它们。

远程探索

我们探索海洋的能力不再像以前那样依赖人类的勇气和耐力。现在，技术的进步使我们能够从船上、用无人潜水器，甚至是在太空中远程且详细地对海洋进行研究。

从太空看海洋

深海很难通过实地考察来研究，但是从远处就可以了解到很多信息。卫星可以测量海洋的温度、风力、海浪和海平面的变化，还可以用来绘制标记珊瑚礁等对象的地图。从太空中研究海洋的颜色，可以获得有关有毒藻类大量繁殖的信息。

卫星测高是测量雷达信号到达海底所需时间的技术与方法。它可以提供关于海床的形状和结构、海水的温度和含盐量以及洋流的信息。

回声测深

这项技术可以用来绘制海床区域的地图。它的工作原理是从船上向水中发射声音信号，这些声波会被海床反射，根据声波返回到船上所花的时间来测量深度。

遥控潜水器

遥控潜水器为研究人员研究海底提供了一种安全而且不用湿身的方式。它们最初是为海军和石油工业开发的，可用于人类潜水员无法达到的深度。遥控潜水器是在船上操作的，控制方式类似于玩电脑游戏。它们都携带照相机和照明灯，许多遥控潜水器还配备了可以从海底采集样本的仪器。

1995 年，日本的“海沟号”遥控潜水器到达了挑战者深渊的底部，这是自“的里雅斯特号”之后第一个到达那里的潜水器。2003 年，“海沟号”在一次台风中从海里失踪，当时连接它和发射船的电缆断裂了。

数字海洋

计算机正在被越来越广泛地用来整合数据，从而绘制海洋地图。地理信息系统的技术已经被用来创建虚拟海洋，研究人员甚至不用离开办公桌，就可以用它来探索海洋的化学、地质和生物！

航空信息收集

航空摄影测量法将许多航空照片结合起来，创建海洋的三维模型。激光雷达（LIDAR）是一种光学遥感技术，可以从飞机上向水中发射绿光和红光。绿光可以穿透海水，从海底反射回来；而红光会直接从水的表面反射回来。这两种信号返回飞机时所需的时间不同，为绘制海底地图提供了另一种方法，但这种方法只适用于光线可以穿透的较小深度。

隆升的海滩

隆升的海滩曾经位于海底，但由于构造板块的运动而被迫隆起。它们通常会带有贝壳和海洋化石，因此科学家可以通过它们了解这片海域的历史，探索数千万乃至上亿年前生活在海洋中的生物。英国多佛的白色悬崖是由一种石灰岩组成的，这种石灰岩来源于一种生活在约 7000 万年前，叫作颗石藻的微小海洋藻类的外壳。

鲸类动物追踪摄像

人们可以在海豚和鲸类身上安装微型摄像机和电子标签装置，以了解它们的生活方式。摄像机可以通过吸盘附着在鲸类身体上，24—48 小时后脱落，然后浮到水面上，并发出信号，使它们能够被回收。这种研究提供了关于动物如何以及在哪里觅食和休息的信息。

来自海洋的发现

随着我们对海洋的了解越来越多，我们意识到它们提供了关于地球过去和现在许多方面的信息，包括气候变化和物种演化。

气候变化

监测海洋温度是测量全球气温和评估气候变化影响的最准确方法之一，因为海洋温度不像陆地表面温度那样容易受天气状况的影响。海洋表面和2000米深处的温度都能被监测，这些测量结果显示，近几年是有记录以来最热的年份。

对海洋沉积物的研究也揭示了过去气候变化的信息，而贝壳的化石可以告诉我们数百万乃至上亿年前海水的成分。

新型药物

海洋中有成千上万种细菌，它们可能会产生对医学有重要意义的物质。几十年来，科学家们一直在寻找新的抗生素，以应对致病细菌耐药性的增强。一种名为“灰绿霉素 A”的新型抗生素已经从海洋真菌中分离了出来，科学家正在就其能否用于人体进行测试。它也可能对某些癌症和肿瘤的治疗有效。

生态系统

海绵每天进食时会通过细胞过滤许多升水。这些水中含有其他物种脱落的 DNA（脱氧核糖核酸），因此可以提供该地区其他物种的“快照”。研究人员已经从海绵过滤的水中发现了 31 个物种的 DNA，他们正在研究如何利用这种 DNA（也叫作环境 DNA）来研究那些难以调查的生态系统。

℃ ℉
50 40 30 20 10 0 10 20 30
120 100 80 60 40 20 0 20

演　化

研究海洋为我们了解地球的过去提供了一个窗口，也提供了更多支持演化论的证据。演化论认为，物种为了生存，会随着时间的推移而逐渐发生变化。在海底的淤泥和沙子中形成的化石可以向我们展示数百万乃至上亿年前海洋生态系统中已经灭绝的物种的样子。让我们来看看化石是如何形成的：

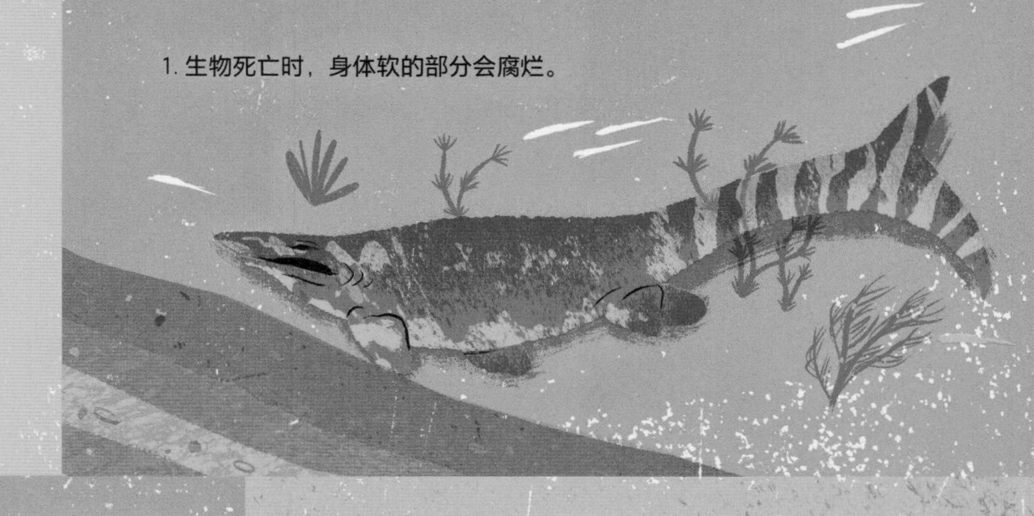

2. 如果死掉的动物或者植物在腐烂过程中被泥土或沙子覆盖，泥或沙就会在它们周围变硬，最终变成沉积岩。

3. 微小的矿物颗粒逐渐取代生物体坚硬的部分，比如骨头、贝壳或种子，将它们变成化石。

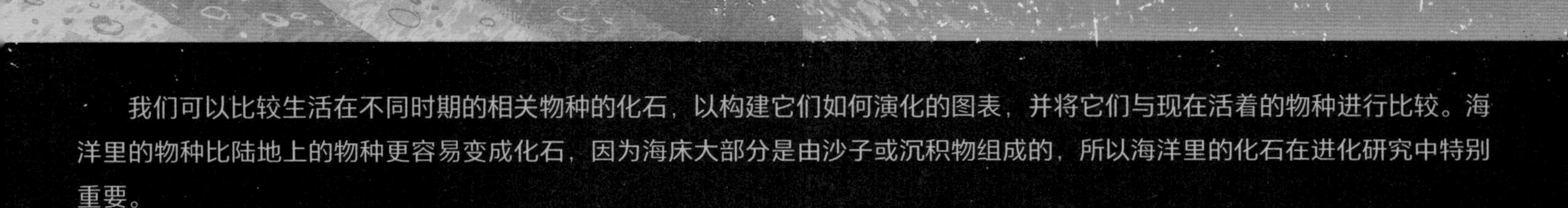

我们可以比较生活在不同时期的相关物种的化石，以构建它们如何演化的图表，并将它们与现在活着的物种进行比较。海洋里的物种比陆地上的物种更容易变成化石，因为海床大部分是由沙子或沉积物组成的，所以海洋里的化石在进化研究中特别重要。

鲸的演化

骨骼的化石显示了鲸是如何从陆地哺乳动物演化而来的，演化过程大约持续了 1000 万年。我们所知道的最早在陆地上生活的鲸的近亲是一种叫作印多霍斯的形似鹿的小型动物，以及体型更大、长得像狼一样的巴基斯坦古鲸，它们生活在大约 5000 万年前。大约 4800 万年前，长得像鳄鱼的陆行鲸可能生活在河口或者海岸附近。矛齿鲸看起来很像现代鲸，大约在 4000 万年前完全适应了水生环境。而现存的与鲸亲缘关系最近的陆地生物是河马！

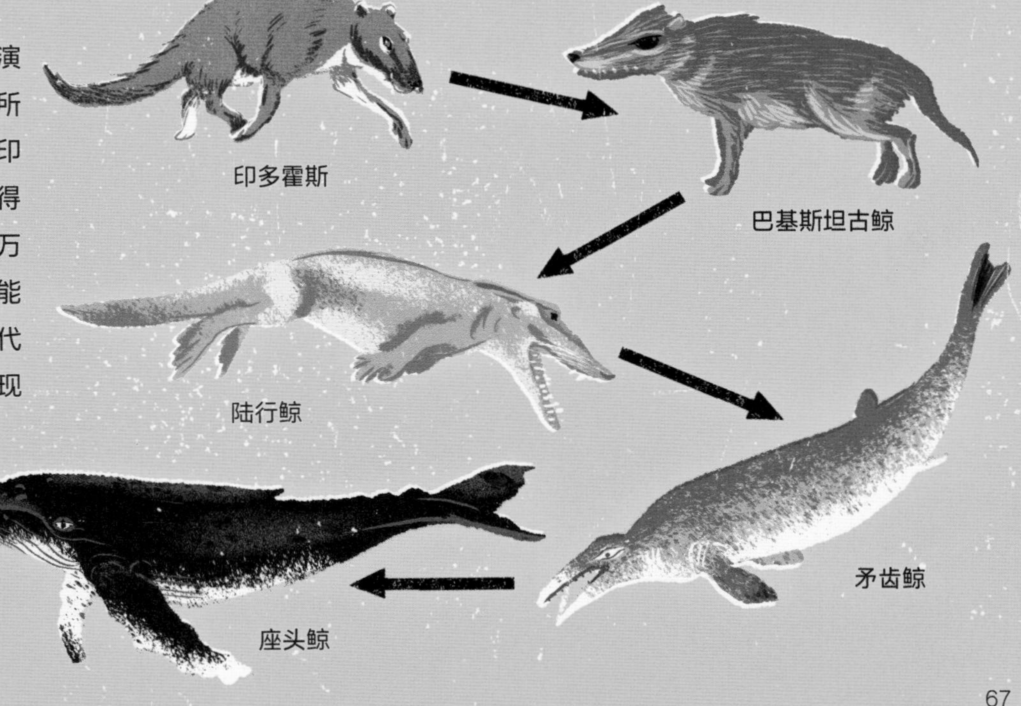

为什么
海洋如此重要

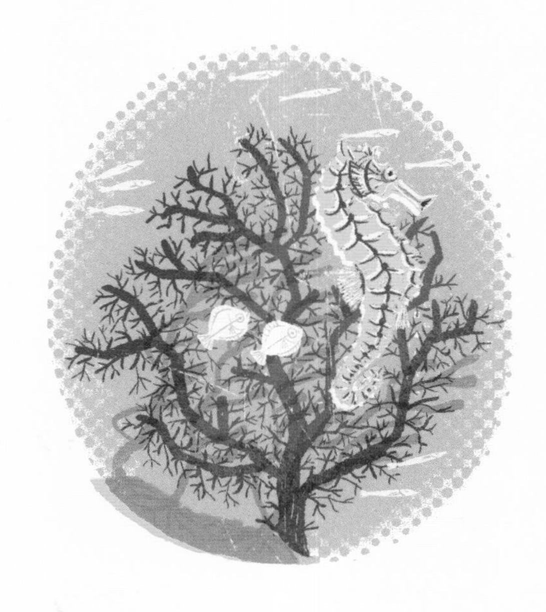

我们很多人都喜欢去海边旅行。我们喜欢在沙滩上逐浪，或者观察岩石池这个小世界里的生物。但我们真的知道海洋对地球有多重要吗？ 也许我们并不知道。

科学家估计，95% 的海洋尚未被探索，91% 的海洋物种还没有被识别。海洋不仅仅是世界上最后一个尚未探索的广阔区域，它们还维持着我们的生命。每当我们呼吸时，我们吸入的氧气中大约有一半是由微小的浮游生物产生的。这意味着海洋中浮游生物的减少会对我们产生重大影响。

人类正在对海洋造成可怕的伤害。多年以来，我们制造的垃圾已经进入海洋的生态系统。如今，塑料占据海洋中人类投放垃圾的 75%，甚至在马里亚纳海沟的底部也有塑料被发现。其中包括海洋生物摄入的微塑料——塑料微粒。微塑料中的有害化学物质会使这些生物生病。如果我们吃了受微塑料影响的鱼，这些有害化学物质也会进入人体。

但也并非只剩下厄运和悲观，因为我们正在慢慢意识到保护海洋的必要性。2010 年，联合国设立了一个目标——到 2020 年，10% 的海洋要处于被保护起来的状态。尽管这个目标尚未实现，但是一些国家在 2019 年提出了一个更雄心勃勃的目标，也就是到 2030 年之前 30% 的海洋须得到保护。我们越认识到海洋对于整个地球健康的重要性，就越有可能实现这一目标，并确保海洋在未来能够一直保持健康。

我们至关重要的海洋

我们靠海洋获得许多资源。事实上，海洋维持着我们的生命，我们的氧气、食物和气候都依赖着海洋。

气候稳定

海洋有助于维持地球气候的稳定，这是靠海洋吸收由温室气体滞留的大部分热量来实现的。海洋沉积物大部分是由死去的浮游生物组成的，据估计，这些沉积物中含有世界上 99% 的碳以及大量的温室气体甲烷。墨西哥湾暖流这样的深海洋流，就像温暖的水毯一样包裹着不列颠群岛，对维持英国等国家的气候非常重要。如果气候变化扰乱了墨西哥湾暖流或者改变了它的路线，英国可能会变得比现在更冷。

海水变暖还可能导致更严重的飓风和气旋，危及人类生命。

呼 吸

海洋是地球的肺。浮游植物为我们提供了地球上超过 50% 的氧气。气候变化可能会减少浮游植物的营养供应，因为海水变暖会减缓水的流动，而营养物质是靠水流运送到浮游植物生活的水域的。

生物多样性

海洋是地球上生物多样性最高的栖息地，每片海洋都孕育着独特的植物和动物。国际海洋生物普查计划花 10 年时间研究海洋物种，到目前为止已经记录了 23 万种。海洋中总共有多少种生物？没有人知道准确的答案，但估计的数量是 100 万—1000 万。

能 源

海底蕴藏着包括石油和天然气在内的宝贵化石燃料。虽然化石燃料可以为发动机提供动力，为我们提供电力，但它们会向空气中释放二氧化碳，导致全球变暖。它们也会污染水源。石油泄漏，比如 2010 年的“深水地平线”钻井平台灾难，导致了几十上百万只海鸟和海洋动物死亡。

海洋也是清洁能源的来源之一。海风可以发电，已经有很多海上风力发电机在利用海风发电。

渔 业

几千年来，海洋一直为人类提供食物。为了让海洋继续为我们提供食物，我们需要采取更加可持续的捕鱼方式。近年来，我们从海里捕捞了太多的鱼。举个例子，在 20 世纪 70 年代，北海的鳕鱼年产量为 27 万吨，但到 2006 年，已经骤降至 4.4 万吨。为了扭转这一局面，我们需要减少捕鱼量，保护鳕鱼的繁殖地，并且只使用有大眼的渔网，让幼年的鳕鱼能够逃脱。

深海拖网捕捞会破坏海洋生态系统。在西班牙海岸进行的一项研究发现，在被拖网捕捞过的海域，生物的多样性降低了 50%。

污染的威胁

海洋作为氧气、食物的来源和维持气候稳定的重要条件，对地球上的生命非常重要，因此，对海洋的威胁就是对人类和海洋生物的威胁。

塑料会在海洋中滞留数百年的时间。较大的塑料制品会被分解成微塑料，进入食物链，影响许多种动物，当然也包括人类。塑料每年会杀死一百多万只海鸟和十多万只海洋哺乳动物。

化学污染已经把 24.5 万平方千米的海洋变成了“死亡区域”，几乎没有生物能够在那里生存。这个面积相当于英国的国土面积。与此同时，二氧化碳增加引起的海洋酸化会将珊瑚礁漂白，使它们变得不适合动物居住。

人造光污染和噪声污染对海洋也构成威胁。在海滩上孵化出的小海龟有时会爬向附近的路灯而不是大海，而航运和钻井产生的噪声会干扰鲸类和海豚的通信与导航。

海洋的未来

海洋是如此之大，直到近些年我们才知道人类破坏它们有多么容易，我们也逐渐意识到它们是多么珍贵和脆弱。好消息是，如果我们每个人都努力保护海洋的安全，让海洋充满生机，海洋就会有一个光明的未来，我们人类也会如此。为了解决人类造成的问题，世界各地的海洋保护项目如雨后春笋般涌现。

可持续的渔业

对许多人来说，捕鱼是他们的生计，我们不能简单地要求他们停止捕鱼，但我们可以鼓励他们以可持续的方式捕鱼。从长远来看，这既能保护鱼类的种群，也能维持渔民的生计。消费者只要确保购买的海鲜产品来自可持续的渔业，也就是在帮助保护海洋。

地区行动

坦桑尼亚的一些项目培训当地人监测和保护海龟的筑巢地，并在海龟被渔具缠住时将它们放生。他们还帮助当地社区限制可捕捞的鱼类数量，以保持鱼类数量稳定。

海洋保护区

海洋保护区（MPA）是指限制潜在的破坏性活动的地方。英国周围 24% 的海域都是海洋保护区，联合国希望到 2030 年，整个海洋的 30% 都能得到这种保护。

生态旅游

脆弱的珊瑚礁能吸引游客，成为一些地区重要的收入来源。许多拥有珊瑚礁的国家正在努力使旅游业变得更具可持续性，减少破坏性。这就是所谓的“生态旅游”的理念。

海洋清理

大太平洋垃圾带是太平洋上的一个区域，面积约为法国国土面积的 3 倍，塑料和其他各种垃圾在这里堆积，形成大大小小的碎片“汤”。荷兰发明家博扬 · 斯拉特在年仅 19 岁时就创立了“海洋清理”项目，该项目的科学家正在努力尝试开发一种可以利用浮动围栏来收集垃圾的系统。然而，这是一个困难又昂贵的解决方案。更简单的选择是我们每个人都减少塑料的使用。

重建栖息地

沿海的海草草甸是许多物种赖以生存的重要食物来源和栖息地，世界上许多地方都在恢复海草草甸：采集草甸种子，然后在实验室中培育，最后移植到那些天然海草消失的地区。

物种的恢复

几千年来，人们捕杀鲸以获取鲸肉、鲸脂和鲸油。鲸繁殖缓慢。随着 19 世纪大量鲸被捕杀，鲸的数量开始减少。由于一些鲸类物种面临灭绝，国际捕鲸委员会于 1986 年全面禁止商业捕鲸，现在大多数国家已经停止捕鲸。一些鲸的数量已经得到了惊人的恢复。20 世纪 50 年代，西南大西洋中有 440 头座头鲸，如今大约有 2.5 万只——几乎与鲸被大量捕猎之前的数量持平了。

我们要扮演的角色

海洋非常重要，我们每个人都有责任保护它——这不仅仅是政府和国际组织的工作。我们每个人都应该为我们购买、食用以及丢弃的东西负责，确保不伤害海洋和生活在那里的各种神奇的动植物。

也许有一天你会成为一名海洋生物学家，设计防潮堤或者研究洋流；你也可能被海洋激发起绘画或者写作的灵感；你可能会通过研究海洋细菌发现一种新型药物；你也可能会亲自探索马里亚纳海沟的底部。

无论如何，从海岸到海底，海洋和海洋里的“居民”都拥有无穷的魅力，我们都必须确保自己不再把它们的存在视为天经地义，永不消逝。